隐藏的秩序

[日本] 芦原义信 著

[日本] 伊藤增辉 译

江苏凤凰科学技术出版社 · 南京

图书在版编目（CIP）数据

隐藏的秩序 ／（日）芦原义信著 ；（日）伊藤增辉译
. —— 南京 ：江苏凤凰科学技术出版社，2023.4
ISBN 978-7-5713-3130-6

Ⅰ．①隐… Ⅱ．①芦… ②伊… Ⅲ．①建筑艺术－研
究－日本 Ⅳ．① TU-863.13

中国版本图书馆 CIP 数据核字 (2022) 第 149581 号

隐藏的秩序

著　　　者	[日本] 芦原义信	
译　　　者	[日本] 伊藤增辉	
项 目 策 划	凤凰空间／陈　景	
责 任 编 辑	刘屹立　赵　研	
特 约 编 辑	陈　景　马思齐	

出 版 发 行	江苏凤凰科学技术出版社
出版社地址	南京市湖南路 1 号 A 楼，邮编：210009
出版社网址	http://www.pspress.cn
总 经 销	天津凤凰空间文化传媒有限公司
总经销网址	http://www.ifengspace.cn
印　　　刷	河北京平诚乾印刷有限公司

开　　　本	710 mm×1 000 mm　1/16
印　　　张	10.5
字　　　数	168 000
版　　　次	2023 年 4 月第 1 版
印　　　次	2023 年 4 月第 1 次印刷

标 准 书 号	ISBN 978-7-5713-3130-6
定　　　价	59.80 元

图书如有印装质量问题，可随时向销售部调换（电话：022-87893668）。

序一

20 世纪 80 年代后期至 90 年代初，在中国城市化加速发展、中国城市即将迎来大规模建设发展之际，中国建筑工业出版社出版发行了两套丛书，一套 6 册的"建筑师丛书"[1] 和一套 11 册的"建筑理论译丛"[2]，翻译引介当代国际建筑领域颇有影响的理论观点，成为那个时期青年建筑学子了解海外建筑理论的重要资源。

我在 1986 年考入清华大学开启建筑专业学习之后，有幸成为这两套西方建筑理论丛书的受益者。其中，芦原义信先生的《外部空间设计》出版于 1985 年，是其在中国最早面世的两部作品之一。书中以建筑师的专业视角、通俗易懂的文字描述和形象生动的速写表达，对日本和意大利的城市街道进行对比分析，深入浅出地阐释了建筑外部空间的美学内涵及其设计原则。相较同期的其他理论论著，这部译作以及随后于 1989 年出版的《街道的美学》对于启迪我的设计思维、启发我的专业选择影响巨大，促使我的专业兴趣逐渐从建筑空间本身转向建筑以外的开敞空间和街道空间，越来越关注城市空间和城市设计，以及空间背后的城市生活和影响机制，最终在研究生阶段转而学习城市规划与设计，毕业后选择城市规划与设计作为自己的专业方向至今。

---

1 按出版顺序，依次有《建筑空间论》《外部空间设计》《现代建筑语言》《后现代建筑语言》《城市的印象》《存在、空间、建筑》。

2 按出版顺序，依次有《现代建筑的先驱者》《现代建筑设计思想的演变 1750-1950》《人文主义建筑学》《建筑设计与人文科学》《建筑体验》《形式的探索》《建筑的复杂性与矛盾性》《符号、象征与建筑》《建筑学的理论和历史》《建成环境的意义》《建筑美学》。

再见芦原义信先生的中文新作是在 30 年后的 2019 年，在《建筑空间的魅力——芦原义信随笔集》（江苏人民出版社）出版之际，有缘在清华大学建筑学院接待了芦原义信先生的长子——同为建筑师的芦原太郎先生，以及此书的编译者伊藤增辉先生。交谈中得知，伊藤先生正在翻译芦原义信先生的另一本重要论著——1986 年以日文发表的《隐藏的秩序》，也因他了解到我曾留学法国，并曾多次访问日本，故而热情邀请我为此书的中文版撰写序言，因此便有了这篇小文以表达自己对城市空间及其背后"隐藏的秩序"的几点浅显认识。

在《隐藏的秩序》一书中，芦原义信先生一如既往地以建筑师的独特视角，基于亲身的生活体验和细致的专业观察，对西欧、日本、中国部分城市的建筑内外空间关系和城市整体空间秩序进行分析，探讨和揭示隐藏在空间现象背后的美学秩序和美学原则。

形式与功能历来都是空间的两个基本要素，形式作为功能的载体，功能则为形式的本质，两者相辅相成，缺一不可；在建筑的微观层面上具体表现为建筑形式与建筑功能的互动，在城市的宏观层面上则具体表现为城市空间形态与城市生产生活的互动。中国有句俗语："一方水土养一方人。"在人类社会漫长的发展进程中，各地不同的自然山水和气候环境培养了当地居民不同的生活习俗和文化秉性，他们在营造建筑空间和聚落空间时又以各不相同的方式，从建筑材料到建造方式，从房屋布局到街巷组织，对当地的自然山水和气候环境以及当地居民的生活方式和社会关系作出回应，由此形成各具特色的建筑语汇和空间文法及其在人类聚落中的叙事表达。正是因为拥有各自不同的建筑语汇和空间文法，不同地区和不同国家的不同城市才会展现出迥然不同的空间形态、空间秩序和空间风貌。就此而言，无论是中国城市的轴线对称，还是欧洲城市的规整有序，抑或日本城市的自然多变，都是以各自独特的建筑语汇和空间文法，对当地的自然山水和气候环境以及当地居民的生活方式和社会关系所做出的空间表达，也是建筑空间和城市空间背后"隐藏的秩序"的根本所在。

英文也有一句谚语："罗马不是一天建成的。"对任何一座城市而言，无论最初是否经过整体的规划设计，我们今天所能看到和感受到的空间形态、空间秩序和空间风貌，都是历史迭代累积而成的复合结果，除了对特定的自然山水、气候环境、生活方式和社会关系等条件的应答外，还受到不同历史时期的建设规则和管理制度的影响，反映出不同地方居民的处世哲学和空间美学，成为当地居民所共同拥有并被共同使用的历史记忆的物质载体。

以巴黎作为法国城市的代表为例。从公元前 3 世纪巴黎西人在西岱岛上建立吕岱斯城开始算起，巴黎至今已在原址上经历了两千多年的城市建设历史。公元前 52 年罗马人攻占巴黎，在塞纳河左岸修建了斗兽场、大市场、大浴室等大型公共设施，赋予巴黎以古罗马城市的建筑风貌和空间秩序，但整座城市并未经过整体规划，甚至没有像大多数古罗马城市那样，建起一套完整的城池防御体系。公元 10 世纪末，巴黎成为法兰西王国的首都，在随后的五百多年时间里，凭借王国首都、宗教中心和新兴大学教育中心的独特地位，得以在原址上持续自发发展，在塞纳河右岸建起新兴市民阶层聚居的商业城市，作为城市边界的城墙也因城市空间的不断扩张而多次外扩重建。城市里道路蜿蜒、建筑密集，哥特风格盛行，成为中世纪巴黎城市空间秩序和空间风貌的主要特征，但城市建设同样并非整体规划的结果。实际上直到 16 世纪末的波旁王朝开始，巴黎才逐渐出现具有现代意义的都市计划。从亨利四世时期包括新桥、皇家广场和太子广场在内的公共空间建设，到路易十四时期包括多项市政设施、公共空间和公共设施在内的城市美化工程，再到拿破仑三世时期奥斯曼主持的包括道路体系、排水管网、公园绿地在内的城市改造工程，在新兴古典主义美学和有关建筑形态、土地划分的管理规则的共同影响下，不同时期有计划的城市建设造就了巴黎重要的地标建筑、公共空间和街道景观，奠定了巴黎城市空间形态和空间秩序的整体结构，也塑造了巴黎独特的城市空间风貌，进而基于巴黎民众将建筑、城市和景观遗产作为历史记忆物质载体的社会共识，被妥善保护并持续利用至今。纵观巴黎两千多年的城市历史，虽然并非根据整体规划建设而成，而且在不同历史时期曾经盛行不同建筑风格和美学思潮，但得益于从 16 世纪初开始实施的建设管理制度构筑起一套相对稳定的空间文法，巴黎的城市空间得以长期保持形态和秩序上的整体性，同时兼容了不同建筑风格的多元语汇。时至今日，只要深入巴黎城内的街巷里弄，仍能从局部城市空间的街道景观和街巷肌理中，清晰地观察和感受到多种风格的建筑语汇和遵循整体的空间文法在历经时光打磨之后的和谐共存。

　　相比之下，中国早在距今三千多年前的西周时期就建立起一套有关都邑建设的城市空间文法——从整体形态到空间体量，从路网结构到道路尺度，从功能布局到轴线秩序，战国时期被完整载入《周礼·考工记·匠人》，在随后两千多年历朝历代的都城建设中得以参考实践。作为今日北京旧城的前身，始建于 13 世纪中叶的元朝国都——元大都，就是根据上述规制整体设计和建造，后经明清两代沿袭上述规制不断改造和扩建的，被梁思成先生誉为"都市计划的无比杰作"。与此同时，有关房屋建造的建筑语汇也逐渐成型，在 11 世纪末随着《营造法式》的编著完成得以统一规范，并随其刊行全国而被广泛应用。建筑语汇和空间文法的规范性及其长期稳定发展，使得大多数中国历史城市保持了整体形态、建筑风格和空间秩序的统一有序，又因随当地的自然山水和气候环境以及当地居民的生活方式和社会关系的变迁而灵活变化，形成地域建筑和地域城市的千姿百态与丰富多彩。

　　及至近代，注重整体规范与地方适应的中国空间传统随着近代西方建筑语汇和空间文法进入中国而受到冲击。尤其在当代中国改革开放、加入全球化进程并迎来快速城市化以后，在短短 40 年经济社会发展全面转型的发展进程中，大规模空间建设有效应对了城市生产生活的新需求，但也面临着建筑风格国际化、建造技术标准化和设计市场全球化等趋势带来的巨大挑战。加之规划建设管理的欠缺和不力，奇奇怪怪的新建筑和"千城一面"的新城镇随处可见，广受诟病，也留下遗憾。尽管如此，中国建筑和规划领域从未停止基于历史传统和借鉴先进经验，探索和创新具有现代意义的中国建筑语汇和空间文法。

当前在新发展阶段，贯彻新发展理念、高质量发展是全面建设社会主义现代化国家的首要任务；经历了史无前例的大规模快速城市化之后，中国城市建设正在从以增量发展为主向以存量发展为主转变。面向生态文明与绿色发展、以人为本与文化复兴，加强现代化治理和精细化管理的新要求，如何根植本土，不断丰富和完善现代的中国建筑语汇和空间文法，创造尊重当地的自然山水和气候环境，尊重当地居民的生活方式和社会关系，符合当地居民的处世哲学和空间美学的高品质建筑空间和城市空间，无疑是建筑和规划领域的新任务和新挑战。

作为 30 年前学习《外部空间设计》和《街道的美学》，今天继续研读《隐藏的秩序》的浅显心得，特此记录为序。

清华大学建筑学院　刘健

2022 年秋于双清苑

序二

　　初识"外部空间"的妙处还是源自芦原义信先生的《外部空间设计》，后来如获至宝般读过许多遍，这也是我东渡日本求学的原因之一。记得那还是 20 世纪 80 年代末期的大学时代，当时各种事物都在青涩中散发生机，西方现代建筑理论百花齐放，令人应接不暇，其中有理论者对现代建筑思想的反思检讨，有基于实践的真知灼见，有理论自洽但虚无缥缈的概念，更有不知所云带有个人执念的理论昙花一现。而芦原先生的这部著作，将空间原理、视觉审美、人类行为等抽象理论寓于通俗而流畅的文字之中，通过抽象理论与实际案例互相印证，恰到好处地将外部空间原理平实地加以展现，这是我对《外部空间设计》的认知。

　　《隐藏的秩序》是芦原义信先生继《外部空间设计》《街道的美学》等之后引进中国的又一力作，正如作者所说，此书是"其思想体系延长线上的内容，一个国家的城市景观由生活在其中的人们在历史发展中积累而成，其营建方式是建立在风土与人的关系上……通过研究发现其背后的'隐藏的秩序'"。本书有两个特点，一是作者以东方学者的全球视野展开对建筑外观的思考，其中涉及东西方地域风土、视觉习惯对外观的影响；接下来就外观对城市意象及其背后的构成方式和秩序的影响展开比较性论述；最后从日本人审美意识层面对室内空间特点及其成因进行延伸性论述。二是作者在论证上不是固步自封，而是开放包容地借鉴现代前沿成果为其思考作理性支撑，这为更广泛地开展对城市"巨系统"的研究带来了多种可能性，拓展了思考 21 世纪未来城市的专业边界。只是，原文出版时间距中文版出版时间较长，引用都是当时的案例，对当今的读者来说稍显美中不足，但因作者具有超前视野，所以该书的基本思想仍不失其现实意义。

我由于从事城市设计工作，受编辑陈景女士委托，在 2019 年翻译出版《图解都市空间构想力》（东京大学都市设计研究室编，江苏凤凰科学技术出版社），其主旨是发现"城市空间作为无数主体在历史中积累而传至今日，是在其场所中与空间相关事物的总体……这种积累被看作是集合化的'意图'"。这种"意图"不正是芦原义信先生《隐藏的秩序》中提出的设计意向吗？不就是显性秩序与隐性秩序共有的超越时代的"构想力"的另一种呈现吗？

本书译者伊藤增辉先生的译文遵循原作风格，保持一贯的通俗性与流畅性，同时不失严谨学术风范，这也是本书带给读者的一份匠心礼物。总之，希望本书能给对城市和建筑的发展怀有梦想的志同道合者一些帮助和启示，同时对著者和译者表示敬意，感谢他们辛苦而有成效的工作，是为序。

天津市城市规划设计研究总院　赵春水

2022 年 4 月

译者按

日本已故建筑家、教育家芦原义信先生毕生致力城市与建筑的空间论研究，著成《外部空间设计》《街道的美学》和《隐藏的秩序》这一关于空间论的三部系列力作。三部作品早在改革开放伊始的 20 世纪 80 年代便被引进中国，成为当时的建筑师、建筑专业学生可以接触到的为数不多的空间设计导论，影响了当时新生代中国建筑师的设计观念与思维形成。此后，前两部作品被陆续重新出版。遗憾的是系列的第三部，即本书，在之后很长时间内并没有被引进中国大陆（中国台湾曾出版本书的繁体版，但因该版本译自英文版，故在内容结构上和日版直译的本书也有所不同）。

说其遗憾，是由于这套书的三部作品，在内容上互为关联、承前启后，对应了著者对空间研究的理论拓展。日本以 hop-step-jump，即"三级跳"作为对这一理论系列的评价，寓意《外部空间设计》引领读者进入空间论的世界， 进而在《街道的美学》中更上一层楼，为读者展示街道这一建筑与城市的界面空间的设计奥秘， 最后对表象内容加以深化拓展，在《隐藏的秩序》中为读者剖析存在于城市与建筑表象空间背后的、影响着空间形成和发展的无形规则。三者共同构成芦原义信空间论的完整形态，读者通过贯通阅读这一空间论而获得对空间设计的理解—深化—创意思考的三级认知跳跃。除此之外，同时并列出版的《建筑空间的魅力——芦原义信随笔集》则记录了芦原先生在设计和研究生涯中的思维轨迹和人生感悟，也提供了对空间论中多个主要概念的侧面解读。借此，读者可以完整地了解芦原义信空间论的全貌，因而在此谨对本次引进这一完整套系图书的出版社和编辑致以诚挚的感谢。

上述空间论著的日文初版分别发行于 1975 年、1979 年和 1986 年，可见这一空间论在 20 世纪 80 年代已经确立成型。三十多年后的今天重拾旧论，其价值和意义何在？如何更好地对内容加以解读？我有幸专访到芦原义信先生的两位衣钵传人，一位是子承父业、继承了芦原义信建筑道路的芦原太郎先生，另一位是芦原义信先生在东京大学的高徒，现为日本法政大学特任教授的阵内秀信[1]先生。访谈期间他们畅谈对这一经典空间论和本书相关内容的见解与感悟，希望两位前辈的观点能带我们更好地理解本书内容。

1. 著作背景与思维原点

　　芦原[2]：从中文版序文中得知，如今活跃在中国第一线的资深建筑师、教授在学生时代曾受到父亲的这一空间论的影响，实在是既意外又欣喜。这一空间论，可以说是他一生思索与实践的结晶。以理论系列最初的《外部空间设计》为例，父亲于 1951 至 1952 年留学美国哈佛大学，之后游历欧洲回到日本，于 1960 年获得东京大学博士学位，博士论文为《外部空间的构成》并于 1962 年作为专著在日本出版。之后父亲又经历了 8 年的工作实践和海外考察，对该专著内容进行反复研讨和思考，并以英文重写，即 1970 年出版的英文版《建筑的外部空间设计》（*Exterior Design In Architecture*）。而后再经过去糟粕存精华的编译工作，最终于 1975 年

---

1 阵内秀信，日本著名建筑史学家、日本法政大学教授。
2 为简化表述，以“芦原”代表芦原太郎先生，以“阵内”代表阵内秀信先生。

在日本出版了《外部空间设计》这一论著。其漫长的成书过程，凝结了他对内容反复琢磨的心血。

父亲自学生时代起便深受和辻哲郎先生所著《风土》的影响，对自己的观察加以思考，并将其作为素材付诸实践和体验，这一思维模式贯穿于整个空间论的著述中。而他在哈佛求学时期所接受到的"be creative, be original"教义，即"不模仿别人、坚持思考自我的原创设计的思想"，形成了他始终立足原创（originality）的思维原点。留学时代所经历的美日间在社会、经济发展上的巨大差距，强烈地冲击了他的思维，形成了他学以致用、学成建设祖国的使命感。而他力述的这一空间论，对应了日本的不同发展年代，作为对空间认知和设计的原点理论，今天依然展示着其先见价值。

阵内：明治时期日本开始广泛引入西方的先进技术，城市建设也不例外，但大多仅是对西洋做法的接纳模仿，缺乏创造性，这和当年日本人对自身文化存在一定劣后感也有关系。芦原义信先生的伟大之处在于以欧美的熏陶为基础来思考日本该如何发展。通过深厚的洞察力将所学所感巧妙地应用在了自己的设计理论中。其观察对象不仅是不同地域的风土，还包括人的行为、自然与人的关系这些人文层面的精神性内容。同时，芦原先生还秉承勇于挑战、客观论事的姿态，在《街道的美学》中，他对柯布西耶的作品提出了冷静的批判意见，正如简·雅各布斯（Jane Jacobs）在《美国大城市的死与生》中提出的批判思维改变了美国的城市规划方向一样，让《街道的美学》成为了划时代的论著。

20世纪60年代日本经济开始起飞，建筑界涌现出了"新陈代谢"等建筑理论。当多数建筑师还在关注单体建筑的时候，芦原先生已经回归原点，着眼外部空间这一联系建筑与自然环境关系的要素，将研究对象扩展至建筑之外，在一体化的关系下研究建筑与外部空间的关系。在其空间论中，通过对观察对象提出量化指标，并加以哲学思考，从而形成对外部空间的独创理论。将这些经典的内容传递给今天的年轻人是我们过来人的职责。

2. 外部空间的关注点: 从"街区"到"街道"[1]，从"景象"到"景观"

阵内：日本在建筑、景观文化保护上通常采用"街区"一词，而芦原先生在《街道的美学》中率先将关注对象指向"街道"，提出对外部空间的观察，以尊重和包容的思维，对既有的城市空间，包括其中的历史、人文、建筑在内的要素的考察。这在 20 世纪 60 年代日本那个大兴土木、弃旧换新的时代，无疑是具有高度独创和远见的理论。另一方面，芦原先生的理论还形成了日本景观设计领域发展的精神基础。景观来自时代积累，因而需要对既存内容进行综合评估，在当时从事这一工作的土木领域并未有多少关注时，芦原先生便提出这一思维并给予积极推动。原本以路桥等为主体的设计，考虑的仅是自然所见的"景象"，而芦原先生通过将其与所在环境结合加以综合评估，将空间中的土木工程对象要素纳入空间美学的考量领域，推动了土木领域对"景观"的认知和设计。

这些用词概念的考案，也体现了芦原先生作为建筑师面向社会发声的信念。如果建筑师的观点只停留在建筑的世界中，无异于隔墙空喊，又怎能获取社会的共识而改变社会呢？通读他的书，可以发现虽然讲的是专业理论，但语言却非常平易；同时在出版方面，芦原先生选择了擅长大众读物的出版社来出版《街道的美学》（岩波书店），而不是建筑书籍的专业出版社，其含意在于希望将声音传递到更广的大众层面。日本没有欧美建筑师那种向社会广泛发声的土壤，这一做法也是芦原先生

---

1 日语对应为"町並み"和"街並み"，两者发音完全相同。

的一个突破尝试。正因为跨出了建筑界，得以接触到哲学领域等，才有了后续的《隐藏的秩序》的理论展开。

芦原：进入 20 世纪 70 年代，日本经济成长带动城市化进程，人们开始关注城市美和景观问题。父亲通过出版论说，参与并影响了日本当年的城市规划行政。有意识地选择出版社，正是希望将建筑师所提倡的城市美与建筑观传播到社会中去。要实现这一目标，不仅需要追求语言的简练，同时内容也要加以斟酌，《外部空间设计》聚焦物性空间，建筑相关专业学生更热衷学习，而《街道的美学》则更多的是面向一般读者，对大众的城市美加以思想引导。

3. 从"街道的美学"到"隐藏的秩序"的理论延展

阵内：20 世纪七八十年代可以说是日本城市发展的转折点，1975 年左右，表象上城市处于缺乏亮点的低迷中，实际上是孕育未来的准备阶段。进入 20 世纪 80 年代，日本各地政府和居民开始共同探讨城市设计，关注景观、历史、绿化、水资源等问题，带来后续日本城市面貌的改变。芦原先生恰时提出了街道美学的理论，呼应了社会发展的步伐。那时商业建筑也开始散发魅力，带来时髦女性阔步街头这样的城市流行气息，而在此之前建筑师对商业建筑可是不屑一顾的。

日本由于封建制的长期影响，缺乏欧美城市所具备的市民共同体的内在结构，因此当时的公共空间非常贫乏。社区（community）在日本的议论也是断断续续，因此芦原先生在论述中回避"社区"这一语汇，作为街道观察者（street watcher）围绕城市空间主体、聚焦人与场所的关系，提出人性化的公共空间，宜居乐居的街区环境等概念。在这个角度上，街道的美学具有启蒙的意义。正如书中结尾部分所说："应尽可能读取城市文脉，保留好的部分，改善不足的地方，营造愉悦而有特色的街道景观。" 芦原先生在东京大学退休前的最后讲义[1]中对这方面进行阐述，通过具体案例解读讲出理论的精华，令我深受感铭。

1970年大阪世博会，日本向世界展示了学习西方技术的集大成。经济起飞给日本人带来自信，也引发了反思过度追求经济而埋没了大量日本特质的问题。同时后现代主义的抬头，加速了对自然与人、人与人、城市与建筑等关系的思考，从中芦原先生意识到对比西欧那种相对固化的城市环境，日本所处的未成熟阶段反而隐含着未来的活力与生机，这一闪念成为他研究空间背后哲理的契机。

芦原：关注街区景观、街道美学在今天已是主流观点，而在当时却鲜有注目。父亲当年在哈佛求学时萌发了关注城市人性一面的积极思维，加上接触了雅各布斯、凯文·林奇（Kevin lynch）等所提出的前卫思想而深受影响。他在西欧游学考察中意识到自己所体验到的魅力城市空间形式，显然不能照搬到日本。经过长期的思考实践，最终借助哲学思维引入分形几何学、子整体（holon）理论，而得以导向形成后续"隐藏的秩序"的理论延展。

4. 对形式与内容的思考

阵内：《隐藏的秩序》中一对非常重要的关键词是"形式"与"内容"。形式与内容的多样化，带来城市的活力与生命。欧洲注重形式，建筑通过从外观上强调正面性和整体性来演绎建筑美。而日本却鲜见这样的思维，强调的是内在功能等内容方面的要素，这些内容因循时代而柔软变化。中国的城市和建筑，注重对称性和轴线关系，并具有较大的尺度感，这方面也体现了对外观形式的重视。而日本则对局部更加关注。一方面，

---

1 这一讲义内容收录在芦原义信所著系列图书中的《建筑空间的魅力：芦原义信随笔集》。

日本由于自然地形的起伏多变而无法像中国那样在开阔的平原上展开大尺度的开发。在此制约下，思维的尺度变小了，自然走向打造小而精的东西。众所周知，京都虽然模仿了中国的都城规划，然而由于地势所限不得不作出调整，在某个阶段起开始放弃了轴线对称等要求。另一方面，日本人从自然出发，基于自然秩序来思考，自然也对轴线对称这类非自然的法则有所敬远。

芦原：建筑人偏向关注可见的建筑形式，在我们还是学生的那个年代，大家也是热衷于后现代论等各种崭新的海外建筑理论，而疏于对内涵的思考。在此前的时期建筑师多关注工业建筑这类实用性建筑，而对商业建筑却不屑一顾，怕做多了那些花哨装饰的东西而被扣上"商业建筑师"的帽子。之后商业建筑的"开花"令城市呈现出活力。深受欧美设计观念影响，父亲也曾对如何营造巴黎般魅力的日本城市景观所困扰，通过不断学习和思考，他意识到日本的城市虽然表面杂沓，然而其中也具备着未来发展的希望和活力，经过持续的推敲而悟到似乎其中关联着某种隐藏的秩序，并最终将这一结论作为了书名。

中国的城市一方面具备这种西洋型的重视形式的部分，同时也存在其他不同形式。日本在初期的建筑规划中同样具备对整体的考量，总体上是以其为基础的，只是在之后随着时代变迁等因素而逐步加以调整，导致整体性逐步退化、局部得以强化而形成自己的特征。就像住宅一样，住着住着就自然呈现出各家不同的氛围，实际上依然具有前后一贯的思维。

5. 隐藏的秩序究竟是什么？

芦原：乍看一片混沌的日本城市却能井然运作，显然其中需要某种秩序的作用，也必定存在秩序。虽然日本人很少去思考这一存在，却认同这一存在的必要性。父亲在书中并没有明确指出这个隐藏的秩序究竟是怎样的，只是提供了对无形的秩序确实存在的论证和理论方法，希望读者能在领会的基础上去加以探索，提出自我的见解。

阵内：正如和辻哲郎先生的风土论一样，芦原先生确信每个地区由于自然、历史的不同，必定存在与其相对应的空间、城市模式，譬如伊斯兰城市中密布纪念碑、集市、住宅等，对外人来说犹如迷宫，而其中也有其形成规则。在中国很容易感受到不同地区的秩序多样性，像北京是通过对称和轴线来强化政治功能，而苏州一带的水乡城市、江南小城则从局部出发，和日本的城市有很多相似之处。考察与地形的对应关系便能发现城市秩序的存在，像江户城中的皇居和人工河渠就是巧妙地叠加在自然地形上的结果，社庙的立地也是依据地形来区分，形成"下俗上圣"的不同空间域，用心解读可以发现很多这样的秩序。

寄语

芦原：这一空间论并非论文，而是提出一个前瞻展望。中国在借鉴西方先进技术和经验中获得了巨大发展，营造更加宜居的生活空间将是未来的重要工作。城市建设不仅是打造壮观的市中心，丰富我们所置身生活街区的空间环境是城市生活更加本质的诉求，因而日本近年也兴起了大力推动街区建设的运动。

由于出版年代间隔等原因，当年日本的年轻人或许没能连贯地学习这一理论，今天，《外部空间设计》《街道的美学》《隐藏的秩序》能够成系列出版，中国的读者可以完整连贯地了解其全貌。希望年轻的建筑人能够多读多看、多体验多思考，在此基础上提出自己对城市、街区、建筑未来应有的发展蓝图。

伊藤增辉

目录

第三章　━━━━━━━━━━━━━━━━━━━━━■
内部空间

第四章　━━━━━━━━━━━━━━━━━━━━━■

结语　　　　　　　　　　　　　　　　

后记

第一章

关于建筑物的
外观

1. 在巴黎的思考

此刻，我正在酒店房间里写这篇文章，这家酒店地处巴黎圣日耳曼德佩区[1]的一角，而我的房间位于酒店的阁楼层。这次出行是由期望栖身于巴黎的石构建筑中创作的欲望所驱使的。我可以站在房间飘窗前的小阳台上，跨越屋顶远眺冬日天色下蒙帕纳斯地区[2]的摩天楼（图1-1）；或是到圣日耳曼林荫大道对面的双叟咖啡馆[3]、花神咖啡馆[4]的露台上读书品茶。

据说这些咖啡馆可是萨特[5]、波伏娃[6]过去的常聚之所，我一心想着能在这些石造建筑的氛围中寻求智慧、灵感（图1-2～图1-4）。漫步这一带的街道，只见稳重端庄的石构建筑沿道排开，就连掉光了叶子的街道树也被修剪得整整齐齐，一字排开（图1-5）。多美的街景啊，时光荏苒中巴黎可真是一点儿也没变。静谧的石墙、正宗的石板铺地、缤纷着装的来往行人……不管什么时候，巴黎总是那么漂亮，是什么造就了她的这般美丽？再有，这种美丽真能永葆吗？19世纪建造的这座城，在迈进21世纪后又将如何变化呢？又或许，她将不会有丝毫的变化。身处其中，我想以此为对照，来思考日本的城市。

---

1 圣日耳曼德佩区（Saint-Germain-des-Prés），地处巴黎第六区，聚集了众多商店和餐馆，还有圣日耳曼德佩教堂这座巴黎最古老的中世纪教堂。

2 蒙帕纳斯（Montparnasse），巴黎街区，以连锁店、小吃店和海明威等作家经常光顾的古老小酒馆而闻名。

3 双叟咖啡馆（Les Deux Magots），巴黎的百年老店咖啡馆，也称为双偶咖啡馆，因其店内墙壁上两尊来自中国的老叟像而得名，海明威、毕加索、波伏娃和萨特等名人都曾是这间咖啡厅的常客。

4 花神咖啡馆（Café de Flore），巴黎的著名咖啡馆，位于巴黎第六区圣日耳曼大道和圣伯努瓦街（Rue St. Benoit）转角，创建于1887年。其名称源自林荫大道旁的芙劳拉的雕像，她是罗马神话中的春之母、花朵和花园的女神。

5 让·保罗·萨特（Jean-Paul Charles Aymard Sartre, 1905—1980），法国20世纪最重要的哲学家之一，法国无神论存在主义的主要代表人物。

6 西蒙娜·德·波伏娃（Simone de Beauvoir, 1908—1986），法国存在主义作家，女权运动的创始人之一。

图 1-1 从巴黎的酒店窗户向外眺望

图 1-2 双叟咖啡馆

图 1-3　花神咖啡馆

图 1-4　花神咖啡馆的挑台

图 1-5　巴黎的街道树

一直以来，我总是将建筑空间的"外部"和"内部"区别看待，并关注它们区分彼此的界限。"外部"空间，换句话说就是人类所营造出的"形式"，而"内部"空间则是与其对应的"内容"。下面我想就这一"形式"与"内容"的关系，从城市和建筑的角度来加以观察。首先必须阐明的是：从历史上看，相对于西欧对"形式"的重视，我认为日本重视"内容"要甚于"形式"。比如，在西洋建筑史的书籍中，都可以看到关于建筑样式史这一类介绍建筑形式的内容，自古埃及、古希腊、古罗马时代起，包括初期基督教式、罗马式、哥特式、文艺复兴式、巴洛克式、新古典主义式等，基本都是依据建筑形式或外观表现来定义的，并以时代区分建造手法。

游历西欧的城市，可以看到像罗滕堡[1]市政厅那样，在一栋建筑中集合了哥特式、文艺复兴式和巴洛克式的特征并共存至今（图 1-6）。也可以在意大利的城市中，看到不少建筑只是把建筑正立面改成了后来时代的样式，通过"换脸"来明确所处的时代。在希腊的岛屿上的建筑，还有仅保留建筑立面的做法（图 1-7）。与此相对，日本建筑史所关注的只是建筑的建造年代，建筑的样式并非必要内容，并不像西洋建筑史那般看重。

比如，东大寺的法华堂（又称三月堂）（图 1-8）是由奈良时代（710—794）建造的带有庑殿式屋顶[2]的主体建筑和镰仓时代（1185—1333）扩建的带有歇山式屋顶[3]的部分组成。如今仔细观察这栋建筑，可以发现整体在外观形态上高度统一，若不了解哪个部分是哪个时代所建的历史由

---

1 罗滕堡（Rothenburg ob der Tauber），位于德国纽伦堡西五十多千米，是巴伐利亚州最出名的小镇，有"中世纪明珠"的美称。

2 庑殿式屋顶，日文为"寄栋造"形式，宋朝称为"庑殿"或"四阿顶"，清朝称为"庑殿"或"五脊殿"，是中国、日本、朝鲜古代建筑的一种屋顶样式。在中国为各屋顶样式中的最高等级，明清时只有皇家和孔子殿堂才可以使用。

3 歇山式屋顶，宋朝称"九脊殿""曹殿"或"厦两头造"，清朝改今称，又名九脊顶。为中国古建筑屋顶样式之一，在规格上仅次于庑殿顶。

图 1-6　罗滕堡市政厅

图 1-7 希腊岛上景观

图 1-8 东大寺法华堂

来，甚至不会意识到建筑曾经扩建过这一事实。细看檐下的连接处，即便不同时代的斗拱多少存在样式上的差异，但实际上并不影响屋顶形态的一体感和统一性（图1-9）。按照大冈实在《日本建筑的意匠和技法》一书中的描述："如今这一整栋的建筑原本是分栋的结构，两栋之间结合架设雨水管进行了连接处理，而且在起初就有了将两种形式围成一体的考虑。"（图1-10）从建筑设计的角度将两种形式加以比较，在建筑形态上，将奈良时代与镰仓时代的建筑形式巧妙地融合到一起，现在这一整体形式要比当初两栋的设计更好。而罗滕堡的市政厅，却是在一栋建筑中同时展示哥特、文艺复兴和巴洛克等不同时期不同式样的形象，学过西洋建筑史的人大概都能马上意识到这一事实，正是因为西欧各个时代的建筑样式体现要比日本更加鲜明。另外，例如平安时代（794—1192）的寝殿式住宅[1]、镰仓时代的武士住宅[2]之类的建筑样式，关注的并非制约建筑外观的"形式"，而是在建筑中展开的生活场景和功能需求，"内容"才是真正有意义的部分。当然，从支撑起屋架的斗拱、天花的有无、小屋的结构等也能明确地看到和样、天竺样（大佛样）、唐样（禅宗样）等不同建筑样式的特征。但在表现方式上，与希腊柱式那样作为外观的确定要素的"阳"性表现不同，日本是通过屋檐下或天花内这些相对低调的"阴"性部分予以体现的。

20世纪20年代，随着柯布西耶等人所提倡的现代主义建筑的兴起，在"形式追随功能"的口号下，要求外观必须是对内部功能或结构的忠实体现。"形式"与"内容"得以统一，出现了排除以样式发展史为中心的建筑装饰性表现的倾向。本来日本的木构建筑传统上都有较大的开

---

1 寝殿式住宅：日文为"寝殿造"，为日本平安时代确立起的贵族住宅样式，建筑中心部分的正屋称为"寝殿"，在其东、西、北等方位设置被称为"对屋"的辅助用房，彼此通过走廊连接。

2 武士住宅：日文为"武家造"，是日本从镰仓到室町时代的武士阶层的住宅样式。庭院内的各栋住宅是独立式的，以高墙与外界隔离，防御性强，是"书院造"住宅样式的雏形。

图1-9　东大寺法华堂连接处的檐下空间

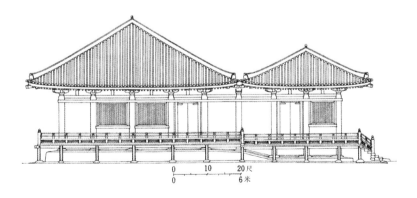

图1-10　东大寺法华堂复原图

口部，内部与外部在空间上具备流动性，因此理所当然的，功能和结构都获得了忠实的体现。同时在追求与自然的融合、去除无用装饰等方面，可以说具备了与西欧近代建筑精神的一致性。"二战"后，当菲利普·约翰逊的"玻璃屋"在纽约郊外的新迦南地区建成时，透过大片的玻璃墙面所体现出的内外空间的流动性，如同彼埃·蒙德里安的绘画般的钢铁柱梁所体现出的纵横结构，将建筑形象从过去的样式中解放出来，使内部功能和结构获得了忠实的体现（图1-11、图1-12）。"西欧所追求的近代建筑精神，其实早在300年前的日本传统木构建筑中已经出现"，当时，纽约现代美术馆通过展览强烈地传递出的这一信息，令众多美国人也开始关注日本这种无隔墙的空间，像桂离宫的古书院、大德寺的孤篷庵等，其空间效果都是石构建筑无法比拟的。在西洋建筑史上，建筑首次突破了样式或美术的框架，成为与技术和生产密切相关的生活容器。

可是与此同时，人们开始反省：近代建筑注重结构和功能，难免造成对人性、风土性，甚至历史性的忘却。对这一点，眼下已经进入了暗夜中摸索的时代。由此再度引发了对""形式"（建筑外观）比'内容'更重要"的思考，并催生了后现代主义建筑的兴起。其中世界知名的案例，有美国建筑师迈克尔·格雷夫斯[1]设计的俄勒冈州波特兰市政厅，将奇特的装饰彩带贴在建筑立正面上（图1-13）；还有日本建筑师矶崎新设计的筑波中心（图1-14），在中央广场上重现了米开朗基罗设计的罗马卡比托利欧广场[2]上的地面纹样（图1-15）等。

---

1 迈克尔·格雷夫斯（Michael Graves，1934—2015），美国建筑师、建筑教育家。曾任普林斯顿大学教授，1964年开始设立建筑事务所。早期作品受到勒·柯布西耶的影响，后来着重于空间结构和文脉的连续性，追求建筑中的诗意、幻想和符号隐喻，具有象征形象的多重意义。主要建筑作品有波特兰市政厅、佛罗里达天鹅饭店等，曾获美国建筑师协会1975年全国荣誉奖。

2 卡比托利欧广场（Piazza del Campidoglio），由米开朗基罗于1538年设计，也称为市政府广场，位于意大利罗马。广场从规划到地面放射状的几何纹理等细节设计均来自米开朗基罗，1940年又按照米开朗基罗的原始图纸铺设了地面。

图 1-11　菲利普·约翰逊设计的玻璃屋

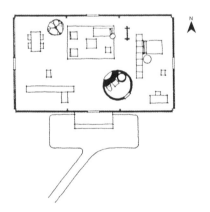

图 1-12　玻璃屋平面图

图 1-13 波特兰市政厅

图 1-14　筑波中心大厦的中央广场

图 1-15 罗马卡比托利欧广场的地面

　　在这里，装饰彩带和卡比托利欧广场的铺地纹样，可以说和建筑的"内容"并无关联，它们作为现代建筑否定的过去的样式和装饰，以比建筑的"内容"更重要的"形式"重新登场，一时间成了世界性话题。伴随着现代建筑的出现，西欧的建筑开始脱离传统的样式历史，"形式"与"内容"得以统一。未来该如何延续这一样式历史，成为现代建筑史学家的课题。与此同时，世界上有一部分建筑师，也开始重新聚焦建筑的"形式"。然而它并不像新古典主义那样恢复严格的"形式"，而是富有更加强烈的、瞬间爆发的幽默性，或许可称为"新矫饰主义"[1]做法。

　　翻阅西欧的建筑样式史，尤其是文艺复兴时期以后的内容便可以发现：其首要特征是由建筑结构形成的建筑外观，与建筑的左右对称性、正面性、象征性、纪念性等概念有着密切的关系。为了在当下检验建筑外观上"形式"的重要性，我走访了哥特式建筑巴黎圣母院[2]（图 1-16）、米兰大教堂（图 1-17）等，甚至还去了被认为具有罗马式与哥特式混合样式的圣日耳曼德佩教堂。一路看下来，我觉得这些建筑内部的垂直空间虽然精妙，却远比不上它们在外观上所体现出的样式象征性。内部属于灰暗的"阴"性场所，而外部则为沐浴日光的"阳"性空间。

　　以前我论述过意大利北部城市维杰瓦诺的公爵广场[3]的结构，该广场三面环绕着文艺复兴样式的拱廊，只有一面内凹，建成巴洛克样式的教

---

1 矫饰主义（Mannerism），指的是在欧洲的绘画、雕塑、建筑上所呈现的一种极度明显的风格，特别是在意大利，其时期在 1520 年至 1600 年之间。

2 巴黎圣母院（Cathédrale Notre-Dame de Paris），地处法国巴黎市中心，是天主教巴黎总教区的主教座堂。始建于 1163 年，整座教堂在 1345 年全部建成，历时 180 余年。

3 公爵广场（Piazza Ducale）是意大利北部城市维杰瓦诺（Vigevano）中的市民广场，建于 1492—1494 年，方案构思最初出自达·芬奇。

图 1-16 巴黎圣母院正面

图 1-17　米兰大教堂正面

堂立面。按保罗·朱克[1]的著述，据传这座广场是在布拉曼特[2]和达·芬奇的共同协助下，由阿姆博斯·蒂·库尔蒂斯（Ambruogio De Curtis）实现的。其不可思议的地方在于，尽管这座教堂在布局上斜对着广场的中轴线，却只有教堂的正面正对着广场，而且立面造型向建筑内侧凹入（图1-18）。为了找寻对这一疑问的答案，我想唯有眼见为实，因而从巴黎出发，再次走访了这座乡间小城。

　　站在这座巴洛克式样的教堂前，细看之下可以发现在其正面的四个出入口中，左右两侧的两个出入口和教堂主体毫不相干。右侧是主体建筑之间的空余空间，围成了中庭；左侧是罗马大道（Via Roma），这是通往阿姆博斯广场和市政厅的重要通道。教堂的出入口不是连通教堂内部，而是直通道路，这对我们日本的建筑师来说实在是费解。教堂那美丽的巴洛克样式立面只是一堵高耸的薄壁，转到墙后便可以发现：和教堂建筑没有接壤的墙体部分，看上去既单薄又呆板（图1-19）。在日本的大学中，我们学到的是建筑的平面和立面是不可分的一体，曾经我也对此深信不疑，但在看过这个教堂广场后，这一信念却产生了动摇。与文艺复兴风格的广场正对的，是歌舞伎面具般的巴洛克式样的外墙，这座建筑令我对既往将建筑当作二维平板画进行作业的方式深感疑惑。而且这是在布拉曼特、达·芬奇的协助下建成的，实在让人无从理解。对于建筑风格，布拉曼特、达·芬奇究竟是如何考虑的，又是如何看待建筑空间的一体性呢？在文艺复兴时期以后的意大利，建筑常被作为城市造景的对象，只需配齐"形式"，"内容"如何都无所谓。甚至让我觉得公

---

1 保罗·朱克（Paul Zucker，1888—1971），德国建筑师、艺术史学家。主要著作有《城市与广场》（Town and Square from the Agora to the Village Green. New York: Columbia University Press, 1959）等。
2 布拉曼特（Donato Bramante，1444—1514），意大利文艺复兴时期最杰出的建筑师之一。

图 1-18 维杰瓦诺公爵广场

图 1-19 公爵广场教堂立面背面墙壁

爵广场的设计思路就是只要把外观建好，与背后的教堂、道路之间的协调关系根本无须多想。

　　之前在威尼斯看到意大利文艺复兴时期的巨匠安德烈·帕拉第奥[1]的作品时，同样有这种感觉。先说圣马可广场对岸的圣乔治马乔雷教堂，站到跟前看时，那种绝妙的左右对称和端庄的正面形象非常震撼（图1-20）。据传这一作品是在帕拉第奥去世后完成的，在壁柱长度等细部设计上难免有可疑之处。仔细观察，可以看到建筑被两个古典样式的屋檐板分成上下两层，与其说屋架结构体被带有科林斯柱头的圆柱撑了起来，不如说是为了体现建筑的左右对称和正面形象，而将圆柱贴到了墙上，我觉得这样理解可能更为贴切。立面的比例、对角线关系都充分体现了建筑正面的均衡美感。不过看看威尼斯其他教堂的照片便能发现：当从侧面看时，其正面就像是被扣到教堂建筑上的面具一样（图1-21）。正面以外其他部分的表面装饰，要比正面简陋得多，用材也截然不同，这令人印象十分深刻。我很喜欢从圣马可广场越过潟湖看圣乔治马乔雷教堂的正面，那光景就如同看由激光光线交织出的全息立体图像一般，实际并不存在的物体，却能通过光影图像感受到其存在（图1-22）。在游历古罗马时代的城市维琴察时也有这种感觉。市中心的著名建筑巴西利卡[2]，是在中世纪建成的古罗马宫殿建筑拉焦宫的基础上，由帕拉第奥加上了一层表皮。利用连续门拱的外皮，解决了原先中世纪建筑上存在的柱距不均的问题，中间的门拱采用统一的尺寸，不足部分在两头的端部予以调整，形成具有统一感的柱廊，也营造出街道的整体氛围（图1-23）。另外，环绕着圣马可广场的建筑，也和维琴察的巴西利卡一样，据说曾做过表

图1–20 圣乔治马乔雷教堂

图 1-21　威尼斯某教堂正面与侧面的对比

图 1-22　远眺圣乔治马乔雷教堂

图 1-23　维琴察的巴西利卡

皮的更换工程。想迅速解决问题可以理解，不过这种做法还是有些操之过急。文艺复兴时期之后，欧洲的城市采用造景手法，为了体现城市美，在对待建筑的正面性上，出现了采用类似二维绘画般的设计手法的倾向。由此可见，建筑被当成了美术或文化，而不是工学技术。

带着这一认知漫步巴黎。巴黎的城市建设基于拿破仑三世和法国政治家奥斯曼所推行的巴黎大改造。首先是构建直线的道路系统，目的在于获得高度通透的视觉效果。在道路的尽端都配置了具备正面性和左右对称的建筑（图1-24），在主干道交汇的地方设置了广场，并在其中布置纪念碑等。比如歌剧院大街的尽端是查尔斯·加尼叶[1]设计的歌剧院，正对着皇家大街的是玛德莲娜大教堂，每一处景观都像是在城市中竖起的巨幅画卷。对于巴黎的访客来说，人们并不需要走进歌剧院或玛德莲娜大教堂，只需将这些建筑的表皮作为"形式"深深地刻印在脑海中就足够了。这就像前述的全息图像一般，感觉只是一幅虚像。要真是全息图像，便能将歌剧院与玛德莲娜大教堂调换位置，变成歌剧院大街的尽端是玛德莲娜大教堂，而皇家大街的尽端是歌剧院，每天轮番换位也挺有意思的，按照今天的技术水平应该是可以实现的吧。漫步巴黎时，我还发现一个更有趣的地方，就是在建筑上没有开窗的位置画上了窗，甚至是画成左右对称的样子。法国人或许认为并没有必要保持"形式"与"内容"的一致性，而是采用了极其强调"形式"的方式来体现城市美。终于明白了，原来巴黎那些住宅楼画了假窗、阳台不用来晾晒衣服，或许都是为了美化城市空间中那些画卷般的景观。

就这样边想边走，我又记起了之前来访东京的波兰建筑师说过的话："华沙市中心的建筑，在战争中被夷为平地后，又重新复原成原先的样

---

1 查尔斯·加尼叶（Jean-Louis Charles Garnier，1825—1898），法国建筑大师。

图 1-24　从亚历山大三世桥正看巴黎荣军院

子。被炸前建筑系的学生们实测了所有的尺寸，重要墙面上的装饰物等都被事先拆下保管起来，因而得以复原出外观上与原来一模一样的建筑。不过建筑内部的设备却大多加以现代化更新。建筑外观决定了欧洲的城市面貌，万不可以被人类破坏了。"

记得数年前我走访过华沙市中心。在建筑的外观和室内，也就是"形式"和"内容"的关系上，让我理解了欧洲城市对"形式"是多么的重视。华沙市民在建筑外观的修复上，毫不迟疑地重新建成了与原来同样的建筑表皮，而且是在事情伊始就这么想的，这种做法对于日本人来说实在是不可想象，令人感慨不已。

这里还想加上一段与上述相关的内容，是我在德国南部"浪漫之路"[1]的旅行经历。罗滕堡、丁克尔斯比尔等沿途的城市，其街道的多彩和协调令我甚为惊讶。作为这些城市的特征，一栋栋房子的山墙朝向街道，构成建筑的"山墙入口"形式（图1-25）。不像京都的町家那样以正面为入口（图1-26）。仔细观察就能发现：各栋建筑的外观色彩、窗沿设计虽各不相同，但街区整体显得非常协调。窗外的小阳台几乎毫无例外地装点着漂亮的花木。德国人将装点花木作为表现自我的手段，从中展示出德国人的灵魂与身份。这些东西在作为建筑外观的装饰的同时，也体现了德国人一贯注重"形式"的思维方式。

研究西欧的建筑形式，必须考察砖石结构在欧洲的分布情况。砖石结构作为建筑结构的一种，是用石材或砖材，由下往上堆砌而成的重力结构，多见于夏季干燥地区，比如意大利、西班牙、希腊等南欧国家和法国南部。其气候特点是夏天随着温度上升，湿度下降；冬天则随着温

---

1 浪漫之路：用来描述德国南部从维尔茨堡到菲森的一条旅游线，全长约350千米，沿途文化景观丰富多彩。

度下降，空气变得湿润。这种结构形式，若在墙体上开出入口或横条窗等大尺寸的开口，则可能由于砖石的重量过大而引发结构体的坍塌。因而只能开成细长的小口形状，建筑的"内部"与"外部"之间由墙体加以明确的区分。墙的内侧是室内空间，墙的外侧从室内的生活风景中独立出来，面向街区形成自己的表情。换句话说，砖石结构的厚重墙体是区分建筑室内外空间庄严的边界，屹立在城市之中，成为建筑样式史的研究对象。

可见，巴黎是"形式"的城市，建筑有着丰富的装饰，尽管这些装饰并不一定需要和建筑内部的生活内容保持一致。这是一座有意识地规整了形式的城市，换个角度也可以说是一座舞台装置般的城市。建筑的墙面均整对齐、建筑高度划一。排除电线杆、输电线、室外广告牌这些扰乱建筑外观秩序的因素，在主要的地方配置左右对称、具有正面性的建筑群，并在其周边设置美丽的雕塑、喷泉、煤气街灯，再摆上休息凳，恍如文艺复兴时期那些基于远近法的绘画一般，演绎出没有任何干涉内容的城市景观，形成了基于统一原理的巴黎。巴黎实在是漂亮，更贴切地说应该是按着审美要求建成了漂亮的巴黎。

反过来，日本的城市现状又是怎样的呢？至少可以说，并没有任何像巴黎那样按照审美要求进行建设的迹象。不过，像东京这样看似杂乱无章的大城市，也容纳了超过一千万市民的生活。我想，今后在分析日本城市的同时，还要对国外的城市展开比较研究。

图1-25 丁克尔斯比尔的山墙入口式建筑的屋顶

图 1-26 京都的町家长边入口式样建筑的屋顶

2. 在汤加的思考

我在石构建筑中度过了巴黎的寒冬之后，又产生了去高温多湿的热带地区的念头，于是走访了汤加王国。汤加由洒落在南太平洋上的一众岛屿组成，盛产椰子、芋头等热带植物，更有碧蓝大海的绝美景色。

海岸边随处耸立着繁茂的大树，来自各地的人们静坐树下，放眼大海。绿荫下凉风阵阵，这里实在是极乐的处所。稍加留神便有所发现：首先，地面被分割为树荫和日晒的两个部分，对人们来说，紧要的是先躲到有树荫的地方，不然就要遭受热带阳光的暴晒了；其次，眼前不能有墙之类遮挡视线的物体，否则无法享受从海天交界之处贴着海面吹拂而来的凉风。我想，海边凉风下的绿荫，和鸭长明[1]的《方丈记》或兼好法师[2]在《徒然草》中所描写的日本人的居住美学有着密切的关系（图1-27）。

若将这幅风景融入日本的传统木构建筑中，则要是把绿荫的地面换成清爽的榻榻米，头顶上的繁盛的枝叶换成深挑檐的屋顶或遮阳板，俨然芭蕉[3]笔下那"凉爽如自家般惬意"的情景。在这里，对地板和屋顶来说，"绿荫凉风"具有极为重要的意义，墙壁则完全没有必要（图1-28）。汤加并非没有石材，却没有以石砌房，这是因为砖石结构的房屋实在是一种和"绿荫凉风"的氛围格格不入的结构形式。石结构建筑以墙为主体，难以架设屋顶和抬高地板，加上自重大、蓄热量高，与高温多湿地区的

---

1 鸭长明（1155—1216），日本平安时代末期到镰仓时代前期的歌人和散文作家。《方丈记》是其代表作，记述了时事和当时的生活，与《徒然草》和《枕草子》被并誉为古代日本三大散文集。

2 兼好法师（1283—1350），本名卜部兼好，因出家而得该称号。日本镰仓时代末期到南北朝时代的歌人和散文作家。代表作《徒然草》寓意随手而记、随感而发的作品。

3 松尾芭蕉（1644—1694），日本江户时代前期的俳句家，俳句是江户时代盛行的一种文学形式，芭蕉被誉为日本的"俳圣"。该名句出自其代表作《奥之细道》"尾花泽"一章。

图 1-27　绿荫凉风——汤加的大树

图 1-28 没有墙壁的日式建筑：诗仙堂

风土实不相配。不管哪种类型的石结构，都不适合悠然享受海边凉风的美学或生活。而且，绿荫随太阳位置而移动，那些树上的枝叶也是形随风动、经时而变，没有一刻是同样的形态。树下纳凉的人们陆续地聚起，稍作停留又逐渐散去。

与之相对，日本有着历史悠久的木造轴组工法，通过梁和柱营造空间，室内外空间充满流动性，具有说不清究竟是室内还是室外的空间渗透性。换句话说，由于存在渗透性，所以建筑的界限并不像石结构建筑那么分明。我想正是这一轮廓线的暧昧性，对日本独特的精神结构和城市景观产生了极大的影响，这一点将在下文进一步解释。

基于"绿荫凉风"的原理，将形成怎样的街区和城市景观呢？首先，地板和屋顶成了空间的关键要素，而墙壁则不是必需的。这一结论和我在巴黎所思考的内容恰恰相反。在巴黎，墙面展示出城市的表情，吸引了人们的视线，而在这里，绿荫、凉风这些要比墙面的表情更重要。点缀各处的大小树木为人们提供惬意的休憩场所。这里也不需要正面性和左右对称性。"造房子时应该优先考虑夏天的宜居性"，兼好法师的这句话成了二战前日本住宅设计的基本诉求，南北通风的平面格局是绝对必要的条件。不过，"二战"后随着空调设备的普及，实际上汤加这类高温多湿气候的房屋形式已经有了相当大的改变。另一方面，地板要比墙更为重要的观点，至今依然存留在日本人对居住根本的认识中。

因此，对于日本的城市美化，在思维上必须采用与巴黎等西欧城市所不同的、日本独特的方法。不同国家的城市，建立在不同的历史传统和市民意识上，并非朝夕可变。城市建设需要回归到这一根本点上，对于好的地方予以推广，可以改善的地方予以改善，遵循这种类似文脉主义的方法。现在，突然想把东京、大阪改造成像巴黎或罗滕堡那样的城市景观是根本行不通的。正如上文所提到的，因为其中存在着"形式"和"内容"的基本问题。不过，拆除电线杆、杂乱的室外广告牌、难看的混凝土砌块围墙等，不在阳台晾晒衣物之类的小事，只要有心就一定能够做到。

　　"绿荫凉风"的街道，或许其中隐藏着西欧城市和街道所没有的既暖昧又令人亲近的"内容"。而乍看杂沓的日本城市，表面上不够美观，可其中却潜藏了该有的"内容"。若不是这样，日本的城市早已消亡，就不会有今日的这般繁华了。

3. 建筑的远眺与近观

　　作为建筑系学生，我在上大学时最初的绘图，是临摹古希腊建筑的柱头。将多立克式、爱奥尼式、科林斯式这三种柱头式样（图 1-29）整洁地绘制到一张图纸中。讲授西洋建筑史这门课的老师是藤岛亥治郎教授。"别的不说，当登上希腊雅典卫城的山丘，看到帕特农神庙这座美丽壮观的建筑时，心底的感激之情油然而生，幸好当初选择了建筑学。"藤岛老师的这番话深深地刻印在我的脑海中。多年后的一个夏日，我第一次走访了雅典，登上了慕名已久的雅典卫城山丘。眼前出现的是那座已经耸立了两千多年的帕特农神庙的雄姿，它正沐浴在爱琴海的夏日艳阳下。

　　经过既往两千年间无数人的踩踏，山丘登山道地面的那些石材表面已被磨得光滑。这一带的山丘都是大理石质地，据说雅典近郊的彭德利康山、帕罗斯岛、纳克索斯岛等地都是上等大理石的产地。考虑到当时原始的搬运方法，利用附近盛产的大理石来建造神殿是再自然不过的做法了。于是在没有任何绿植的雅典卫城山丘上，采用与山丘同等质地的大理石建起了这座神殿。也就是说：在这险峻的大理石山丘上，开挖出具有精密尺寸和恰当比例的石材，然后重新将它们堆砌到山丘上。一切都是石材，其形态精准，没有丝毫暧昧，烈日下光与暗、有与无、凸与凹等关系清晰可见。众多的浮雕和柱子上的线刻，也在阳光下分外鲜明。柱身稍加鼓起，端部的柱子为纠正透视错觉而略微内倾；为避免作为横梁的石材中部给人下凹的错觉，而在其中央部位轻微起拱。建造中充分运用了当时的技术和智慧，为朝着山丘一路跋涉而来的人们、迎面而立的人们展示出和谐的比例之美。原来这就是欧洲建筑的正面性和左右对称性的源流所在呀，我不禁对眼前的风景瞠目不已（图 1-30、图 1-31）。

多立克柱式   爱奥尼柱式   科林斯柱式

图 1-29 古希腊柱式

图 1-30 帕特农神庙正面

图 1-31 帕特农神庙

　　之后我又数次走访了雅典，烈日下产生的明与暗，演绎出的是建筑外观的比例美感，而非材质的粗糙纹理，每回几乎都有同样的体会。唯有一次例外，那是在严冬时节去的雅典，那天雨淅沥沥地下着，乌云压顶，一片阴惨的景象。这么糟糕的天气在希腊实属罕见，打消了我再登雅典卫城山丘的勇气。皆因实在不想目睹那充满比例美感的帕特农神庙在雨淋下的消沉模样。帕特农神庙该是在晴天下远眺的建筑——本来此地也几乎都是晴天，而走近就只剩下遍地都是石块的景象了。

　　这让我想到了曾担任奥运会圣火采集仪式主角的阿丽卡·卡齐利夫人[1]。作为希腊国立剧院的女演员，她在 12 岁时便参与了柏林奥运会的圣火采集活动，也是东京奥运会的圣火采集人。当我从电视新闻上看到她身着纯白的古希腊民族服饰，单手高举着从赫拉神庙采下的圣火，这一幕令我至今仍难以忘怀。后来当这位卡齐利夫人出席东京奥运会时，我有幸与她见了面。对我们这些平日看惯了日本人那种平板脸孔的人来说，她那深山幽谷般凹凸有致的脸型和恰到好处的身材比例给人留下了深刻的印象（图 1-32）。我突然意识到：像她这样的形象更适合远眺，而不是近看。正如晴天时的帕特农神庙，是适合远眺的建筑。与其近看粗糙的纹理，不如远眺整体的比例和凹凸有致的表情。我想它既体现了源自古希腊的西欧二元论[2]的明快性，也表明了西欧建筑注重正面性、左右对称性和阐明性的源头。

　　相对的，日本的传统木构建筑又是怎样的呢？首先是规模小而低调，造型不对称，为树木所遮掩而难窥全貌。近看才能发现由木构件的纹路

---

1 阿丽卡·卡齐利－玛扎拉基（Aleka Katseli-Mazaraki），以最高女祭司身份担任 1956 年墨尔本奥运会、1960 年罗马奥运会以及 1964 年东京奥运会的圣火采集工作。

2 二元论（dualism），认为世界由正反两种原理或元素所组成。古希腊文化中的二元论思想深远地影响了欧洲文明，直接促成了今天欧洲文化中多种因素、多种力量的矛盾和谐、对立统一的共存状态。

图1-32　脸型凹凸有致的阿丽卡·卡齐利夫人

肌理所展示出的材质感，还有精美的配件和节点等，功夫全花在这些细节上面了。一切都立足于包容的角度，呈现不规则的美感，并没有呈现适合远眺的规整美。走到跟前，眼睛眯成线，一切都笼罩在烛光或灯笼的暗淡光线中，通过木材的清香、榻榻米的气味以及触摸之下的手感来获得其中的美感。即便是在现代化的今天，日本的住居论依然深受鸭长明的《方丈记》或兼好法师的《徒然草》中思想的影响。

　　日本的自然气候富于变化，春夏秋冬四季分明。蓝天和秋月当然不在话下，还有春霞、晨雾、四月云、朦胧月夜、五月雨、梅雨、霖雨、骤雨、雷雨，加上冬雪，可谓纷繁。这些雾、霭、霞、雨、雪都成于水，与气候中的湿气密切相关。这里且不提和辻哲郎[1]在《风土》中的论述，湿度具有模糊物体轮廓线的魔力。如同在北海道的露天浴池中泡汤，热气与湿气柔化了人与人、物与物之间的关系，模糊了其形态，让人分不清前后左右。还有，夏天的湿气促进了草木的繁茂浓绿，稍不注意修剪管理，植物便可

1 和辻哲郎（1889—1960），日本哲学家、文化伦理学者。主要著作有《伦理学》，《风土》也是其代表作，书中综合亚洲和欧洲各地的风土特性，论述了人的存在形式与风土的关系。

能一下子在住宅周围蔓延开来，把房子的轮廓线都模糊掉了。湿气当头，严整的左右对称性、凛然的正面性和外观的象征性都变得不重要，存在其中的仅是极其暧昧而且不整齐的美学。

　　闲言略过，再次回到关于古希腊建筑柱头式样的研究上。古希腊建筑以圆柱和横向的石梁为结构元素，拱顶（arch）、穹隆（vault）、圆顶（dome）这些屋顶结构形式在那个时代还未诞生，当时使用的是木造屋顶。当需要对石材的圆柱和横梁的节点加以设计时，便产生了带有涡卷模样的爱奥尼柱式、带有爵床叶饰的科林斯柱式，基于极其严格的比例，予以大量装饰，这究竟给建筑赋予了怎样的意义呢？依照弗里茨·鲍姆加特[1]的说法，古希腊建筑的"内部空间在造型上并没有起到大的作用"。之所以有这样的观点，我想是因为这些基于严整比例的柱头式样设计，和古希腊建筑的外在性——或者说是正面性、象征性有着密切的关系。而且这类神殿，以双坡屋顶的山墙面为正面，即将入口设置在山墙面上。翻阅日本建筑史，这种将入口设置在山墙面的形式，除了神社建筑，其他几乎没有。比如，出云大社的主殿采用的是"大社造"形式，其他还有"大岛造""住吉造"等，为数不多的建筑采用了这种形式。不过，由于出云大社的主殿中央竖有中心大柱，故作为回避，入口向右侧偏移，没有形成严格的左右对称格局。山墙上的入口不但没有强调建筑的正面性，看上去更像是有意回避这一关系（图1-33）。罗滕堡的一栋栋建筑采用的都是山墙入口的形式，各自既富于个性，又有相当的进深，形成向前挺出的设计特点。而京都的町屋[2]则是从建筑的长边进入，整体低矮

---

1 弗里茨·鲍姆加特（Fritz Baumgart，1926—1983），德国艺术史学家，其著作 *A History of Architectural Styles* 于1983年以《西洋建筑样式史》为书名在日本出版，成为日本研究西欧建筑样式的经典参考书。

2 町屋，日本传统的商人和手工业者的住居形式，将作坊或铺面与住宅结合在一起，提供了职住一体的居住环境。

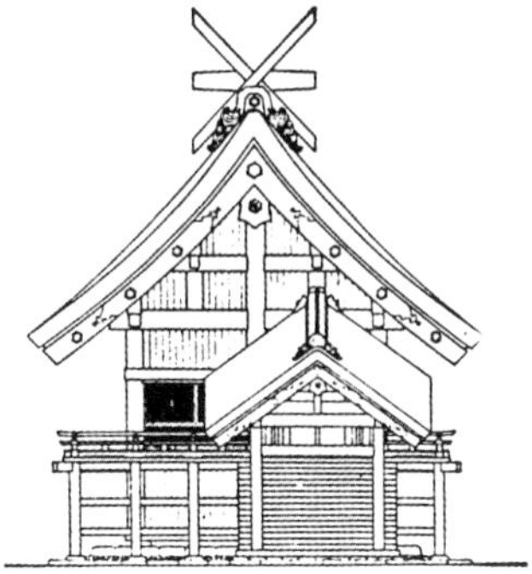

立面图（正面）

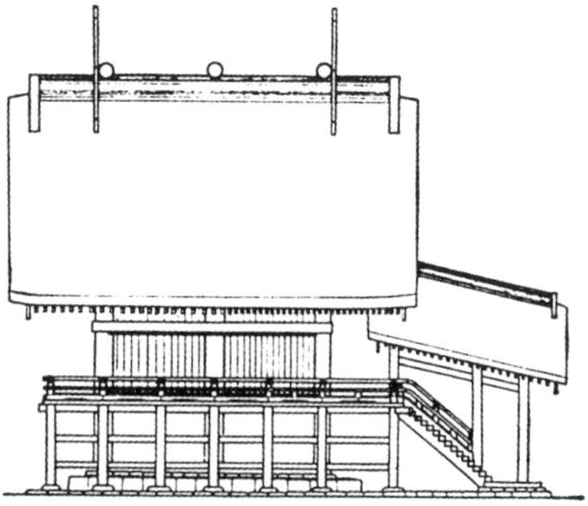

立面图（侧面）

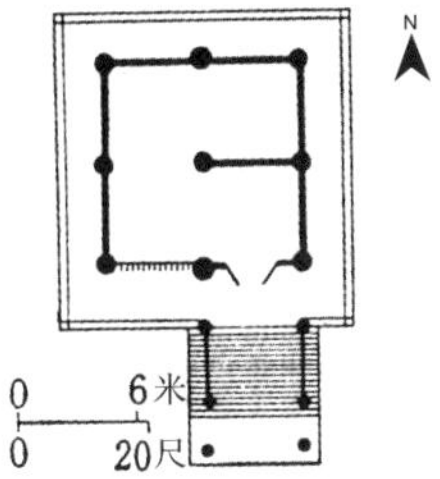

平面图

图 1-33　出云大社立面图与平面图

内收，呈现出向后缩的设计特点。

日本历史上的佛教建筑，可以按天竺式、唐式、日式等进行式样分类。尤其对于支撑起大挑檐的斗拱，不仅仅包含了支撑结构这一力学技术，仔细观察还可以发现其中各个构件在美学上的细部体现，非常值得关注。这些檐下构件乍看或许感觉其作用类似古希腊的柱头式样，但与多立克、爱奥尼、科林斯等这些作为表面装饰的柱头式样不同，是基于日本人的审美品位所形成的高度合理且具备功能性的力学做法。大屋顶下还悄然纳入了灰空间。远眺这些建筑，可以发现斗拱被大屋顶遮蔽而不可见。只有当走近仰望时，才能看到这些硕大的构件（图1-34、图1-35）。这也是和古希腊的远眺建筑所不同的地方。

远眺的重点在于把握建筑通过外观所展现出的整体性，而近观的重点则是局部形成的内容。我想这里着眼的并不是孰好孰坏的问题，而是从中得以了解：日本风土所培育出的传统和文化，与以古希腊为源头发展起来的西方体系，彼此之间存在着截然不同的思想。

图 1-34　东大寺大佛殿檐下的景观

图 1-35　东大寺南大门檐下的斗拱

4. 中国——东方中的西洋

日本的建筑受到来自中国的强烈影响。最初在飞鸟、奈良时代，东传而来六朝、隋、唐时期的文化，平安时代是自我衍变的日式化阶段。在随后的镰仓时代，又再次引入了宋代样式。通常世界建筑发展系谱大致分为欧洲派系、伊斯兰派系、印度派系和中国派系四大类别，在日本的建筑史书中，无一不是把日本归入到包含朝鲜半岛的中国派系中。不管是飞鸟时代的法隆寺，还是镰仓时代重建的东大寺南大门的天竺式样，从中都可以确切地感受到自佛教传入日本以后来自中国的深厚影响。

不过，若从建筑的构成论、设计手法，或是对建筑的接受态度等来看，我觉得日本并不适合归入中国的范畴。诚然，乍看上去深受其影响，然而两者在理论本质上是互逆的。从这个意义上说，中国建筑似应归入欧洲派系，中国和日本的建筑之间也有着不可逾越的隔阂。

研究建筑与城市构成的立场可以大致分为两种：一种是从完成了的"整体"出发，另一种则是从必要的"局部"出发。显然在思考"整体"中包含了"局部"，在思考"局部"时也会涉及"整体"。但与此同时也必须看到：事实上有的偏重于"整体"的规划，有的则更多关注"部分"的完成。

比方说现在走访中国的西安，可以看到市内有城墙（图 1–36），在东、西、南、北各方位设有城门，连着通向市中心的道路，中心位置耸立着鼓楼（图 1–37）。在距今近两千年前的汉朝，带着对城市的"整体"形象认知，自城墙这一外部的界线向内收敛式地针对"局部"进行建设，这种造城方式，如果应用在今天这样复杂的工业化社会中，我想将一定会遇到很大的阻碍。当时日本集中了大量来自中国的工匠，这些造城的技术和文化也随之传来，他们在日本建成了飞鸟寺、法隆寺等，甚至还

图 1-36 西安城墙局部

图 1-37 从鼓楼眺望城门

先后建设了平城京和平安京等城市。可以想象，这些成就要比明治维新时期从欧洲引入新制度后，建成鹿鸣馆、砖瓦街时更令人感动。基于"整体"的思想，总是伴随着象征性、示威性、权威性等体现整体的性质，其结果是形态上显现"左右对称性""正面性"和"构成上的均整美感"等。然而，这些该称为"整体"属性的条件，对于日本人来说，无论哪一项都是原本不擅长的，不知不觉中便表现为呼应自然、低调和左右非对称性的结果。举例来说，在平城京或平安京中都没有西安那种庄严凝重的城墙。外围的城墙也只不过是形式，没过多久就荒废了。这是由于缺乏统括"整体"的外围轮廓线的原因，就像在没有盛水器具的桌子上泼水一样，没有内收的意识，结果就自然地、肆意地向外发散。在法隆寺的建筑布局中，沿着中门的中轴线，左边是五重塔，右边却配置了金堂，打破了左右对称的规则（图 1-38）。再有，当从南大门进入寺院，穿过中门后可以顺次看到五重塔、金堂。飞鸟寺、四天王寺在建筑布局上都采用了颇具进深的左右对称格局，若从这点来判断，对于法隆寺的做法，我想是对日本独特美感的一种极其特别的表现手法。也就是说：一方面在形态上受到中国的影响，另一方面又在不知不觉中打破了左右对称的规则，而挑屋顶、构件、栏杆等局部细节，我想已经做得比本家更为精妙了（图 1-39）。

这些寺院建筑布局和建设的年代，应该是日本最为中国化的时代。原本中国派系的建筑基本都是木结构，即便有时也利用石材、砖（日晒砖）等，但多数情况下还是尽量沿用木结构的形式，注重屋顶的造型设计，以建筑的长边作为正面，采用在长边设置入口的方式。这些内容也是日本建筑的特征，日本的传统木造轴组结构，也是大屋顶，在建筑的长边设置入口等，这些都和西欧建筑的石结构、极少外挑的屋顶、在山墙面设置入口等形成了鲜明的对比。不过，造型上虽受到中国的影响，但并没有触及日本建筑的基本理念，可以说正是这一点，在茶室建筑、书院

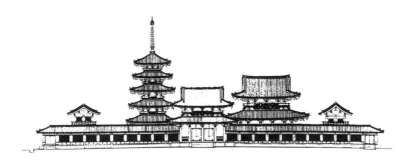

图 1-38　法隆寺总平面图、立面图

图 1-39 法隆寺

建筑等一系列建筑样式的发展上发挥了重要的作用。

　　由于茶道精神主张物质无定形，因而通常也认为它推崇不规整的非对称性美学。这种不规整的非对称性，对"整体"的观点是无论如何也难以接受的，通过将"局部"加以汇聚而呈现出不规范、非对称性的结果。四叠、三叠、二叠台目[1]的平面布局都呈非对称形，从床之间[2]、窗户的设计，到天花板的架设等，可以说一众细节做法都在回避中国式的"整体"，以营造非对称的日式美学。而且在选材上也是尽量利用原本的自然素材，比如木材有带皮的原木、面皮柱[3]、竹子、芦苇、木贼[4]，用作墙面材料的有苆[5]、泥土，用作屋顶材料的有麦秆、茅草、木片等。丝毫不见中国建筑上的那种鲜艳着色、琉璃瓦等。数寄屋式样也是如此，其代表就是桂离宫和修学院离宫。在桂离宫的建筑群中，古书院、中书院、新书院等一系列建筑空间逐个展开，始终保持着作为一个整体的性质。构件的搭接、节点的精密程度一直贯穿包含拉手五金件各处，这些"局部"的精妙，都是立足日式美学，从"局部"出发的同时带来"整体"的完美实现。这些正好是摆脱了中国的影响，由日本独特的"局部"和"整体"的思想衍生而成。也正是因此，德国现代主义建筑大师布鲁诺·陶特和瓦尔特·格罗皮乌斯在走访桂离宫时才会惊叹不已。为后水尾天皇建造的修学院离宫，利用比叡山麓的景观地形将茶室穿插布置其间，形成了

---

1 台目，日本传统茶室的平面类型，二叠台目是指室内平面由两个丸叠和一个台目叠直交拼合构成，丸叠的规格为一个榻榻米全张，台目叠为半个榻榻米大小。

2 床之间，日式房间中的上座后面，比地面高起一段的装饰台空间，墙上多有挂轴，台上放置插花或饰物，营造出房间素雅的氛围。中文也可译作"日式壁龛"。

3 面皮柱，日本在将树木加工成方形材时，四角保留原来带皮的圆角的状态称为"面皮"，当用其作为柱子时称为"面皮柱"，多用于茶室等传统日式建筑空间。

4 木贼，别名千峰草，多年生草本植物。

5 苆，日本传统建筑工程中，对墙壁等的抹灰工序中，在砂浆中加入天然的纤维状材料的称呼，起到提高砂浆强度、防止墙面开裂等作用。

美丽的回游式庭园，这与为清朝慈禧太后建造颐和园时的设计思路截然不同。颐和园仿照杭州西湖建了人工湖——昆明湖，并用挖出的沙土筑成万寿山，从地面至山顶接连建了好几重的亭台楼阁。这种通过开挖自然来筑造人工山水的设计思想，恐怕早已超越了日本人的自然观，可以说是属于大陆性的思想。

走访今天的中国，令人预想不到的事情数不胜数。第一是对尺度规模的感觉。这方面最为明显的实例莫过于万里长城了。建造这么大规模的城墙，即便作为必要的防止外敌入侵的措施，其尺度依然远超日本人的体感。假设日本也需要建造与万里长城同样性质的防卫措施，也许会通过开挖城壕、筑起栅栏、铸造武器等，依靠多种"局部"的措施来达到目的吧。万里长城在规模上超乎日本人的想象，注重象征性，具有夸张、扬威的个性（图 1-40）。在日本，能与万里长城或金字塔相并列的恐怕只有仁德天皇的前方后圆坟，但其造型依随丘陵的自然起伏，显得舒展而优美，但毫无象征性。

抛开过去来看当下的中国建筑，相比"整体"的出色形态，在"局部"的细节处理上却常常表现出一种漫不经心。即使考虑到中国现在还处在现代化的发展过程中，但有些仍然令人感到诧异。比如重庆市人民大礼堂仿照了天坛祈年殿造型，是一座具有对称性、正面性和极富装饰色彩的庄重建筑，然而当你进入建筑内部时，人们便失去了对它的整体壮丽的意识，甚至会在发现其细部处理得极其粗糙时感到失望（图 1-41、图 1-42）。

为什么中国人寻求如此的整体象征性，而看起来忽视了局部？我感到疑惑不解。从这个观点出发，我发现我在西安人民大厦的经历十分难忘。室内陈设相当破旧——门把手、照明、浴室设备有各种各样的问题，却在室外沿左右对称的大屋顶的轮廓线上装饰着了光彩夺目的彩灯。利用建筑照明展示屋脊线或用泛光照明，就像欧洲常见的夜间用来显示建筑的对称和正面形象那样。

图1-40　万里长城

图 1-41 重庆市人民大礼堂外观

图 1-42　北京天坛祈年殿

　　或许日本在以上方面相当落后，但对于细部的精细程度则是有目共睹的。细想起来，日本在民主平均化主义的作用下，在展示整体形态之前，首先注重的是完成每个局部，对于整体性更多的反而是发自本能的拒绝。从这点上看，日本的建筑和中国的建筑虽形似，但本质截然不同。中国的建筑往往考虑的是从远处观看，与欧洲，比如古希腊的传统更相似。日本建筑和中国建筑之间之所以存在明确的界线，是日本人注重从"局部"到"整体"的思维方式的缘故。

　　面向 21 世纪，我们正步入一个个体的实现和独特审美情趣应得到优先满足的时代。这种在价值方面的转变，已经在改变着经济和政治生活，而且无疑也同样会影响城市的发展。基于"从整体出发"概念的全面规划，将日益与城市发展的需要不相适应。为了应对个性化的要求，从局部切入的方式更为重要。像东京这样已经开始从局部出发的城市，虽然显得有些混乱和缺乏秩序，但至少会在将来得到正确的评价。

译者注：本书写于 1986 年，为了尽可能忠实原文，译文尽量保留作者当时的时间表述。

第二章

外观的暧昧性

1. 轮廓线的暧昧性

轮廓线究竟是什么？它就像格式塔心理学中的"图""底"分界一样，其存在是为了明确区分黑白吗？我想以人体轮廓线为思考对象也是很有趣的。它乍看是一个整体，当灰垢、头皮屑、头发脱落或剪了指甲后，我们身体的轮廓线会发生怎样的变化呢？还有，掉下的灰垢、头皮屑，脱离了人体的头发、指甲，到底属于身体轮廓线的哪个部分，和原先的轮廓线之间又有怎样的关系呢（图 2-1）？

观察区分陆地与海洋的海岸线也挺有意思的。譬如从青森市到东京都的海岸线长度，若从普通地图上来看，估计也就是 3 000 千米左右吧，当把地图比例提高到 1/25 000 时，随着标记精度的提高，海岸线也变长了。由建设省河川局编写的《海岸统计》数据，是通过计测春分日的高潮面和沿海岸滩交线的总长度所得，利用这一数据进行计算，可以得出上述自青森市到东京都的区间海岸线长度为 3 021 千米。如果把比例提高到接近实地测量程度再加以精细测定的话，显然其长度还会变大。可见观察得越细微则长度越长，由此可以推测最终或许将会是接近无限大的结果。本华·曼德博[1] 在《分形几何学》中有如下论述："显然海岸线的长度要长于区间的起点和终点间的直线距离。通常海岸线呈现不规则的蜿蜒曲折的形态，毫无疑问其长度要远长于连接区间两端的直线距离。要提高长度的测量精度，方法多种多样，本章中将对其中几点加以分析。其结果非常奇妙，就是明确了海岸线长度是一个无从抓取的概念，它可以从想抓取的人的指间溜走。不管使用哪种测量方法，海岸线的长度都是长

---

1 本华·曼德博（Benoit B. Mandelbrot, 1924—2010），生于波兰，拥有波兰、法国和美国的三重国籍，数学家，研究领域从数学物理到金融数学，是分形几何学的创立者。

图 2-1　人体的轮廓线

且难以测定的，因而最终我认为将其长度视作无限大是最为妥当的结论。"
这种超越了一目了然的规则性、秩序性来捕捉自然细部的尝试，可以说
正是"分形几何学"的理论所在。

对此中泽新一[1]有如下论述："为了和自然呈现出的这种复杂性、多
样性进行对话，分形几何学发现了一种十分巧妙的手段，在一点与另一
点之间，基于'自我相似性'的过程，将无限增殖的小涡状线予以连接。
这一细微化过程越是深入，两点间的距离便越是朝向无限大增长，相比
欧几里得几何学的图形，这种自然呈现出的矛盾性更加显著。举例来说，
当我们想知道圆的周长时，可取其近似多边形，将所有的边长相加得出。
随着多边形边数的不断增加，所得出的值越发接近实际的圆周值，这个
值必定是某个有限值的无限接近。对于解析抽象图形的几何学，当测定
对象的尺度越小，其长度距离便越接近有限值。然而，对于需要与自然
这一复杂性'怪物'对话的具象几何学来说，这样做却导致长度距离的
无限增大。也就是说：抽象性的欧几里得几何学追求形式，它并不是模
仿自然，而是具备将'自然这种复杂性的怪物'隐藏起来的作用。但分
形几何学这种崭新的数学所追求的却是用微小的细部来填满均质的空间，
以认同空间的任何一点都在'此时、此地'的定位上具备内在无限性的
矛盾为基础，来回归与自然的直接对话。分形几何学在带着'概念的神
秘主义、概念的数学主义'的同时，试图落到现实的经验主义地平中，
虽远离伊壁鸠鲁[2]、卢克莱修[3]的自然学精神，却能从中听到直接的反响。"

---

1 中泽新一：生于 1950 年，日本宗教学者，人类学家。曾任中央大学、明治大学等大学教授，着
  眼于精神考古学研究，代表著作有《艺术人类学》等。
2 伊壁鸠鲁（Epicurus，公元前 341—公元前 270），古希腊哲学家，无神论者。认为快乐就是善，
  其"社会契约说"成了近代社会契约论的基础。
3 卢克莱修（Titus Lucretius Carus，公元前 99—公元前 55），古罗马时代的诗人、哲学家。认为
  物质的存在是永恒的，阐述并发展了伊壁鸠鲁的哲学观点，提出了"无物能由无中生，无物能归
  于无"的唯物主义观点。

除了上述曼德博的数学解析，实际上海岸线还受潮水涨落的影响。如果海岸是笔直的峭壁，那么形状并不会因潮水涨落而改变；要是漫漫浅滩，则其轮廓线将大不相同。像陆地与海洋之间的这种既实在又异质的边界线，呈现出上述的不确定性（图 2-2）。

此外，海岸线还存在侵蚀作用和溃坏现象。由于日本到处都在填海造地，建设临海工业区和港湾，海岸线时刻都在发生着变动。如将陆地看作格式塔心理学中的"图"，把海面视为其背景的"底"，显然这时"图"与"底"的轮廓线属于陆地。然而与此同时，本来海面下也存在着陆地，只不过偶然基于眼下水面的高度，便决定了海岸线的位置。换个说法，假如任何时候轮廓线都处于变化之中，通过承认海面上那不可见的、作为秩序的格式塔质，那么当像注视埃德加·鲁宾[1]的《圣杯图》般地再次凝视海面时，恐怕看到的海岸线将大不相同。即如同"阴极成阳"一样，这一边界线也展示出不断流转的形态，总是随着时间而变化，时而出现，时而消失，时而延伸，时而短缩。通过认同无形之处也可能存在着潜在形态的性质，便能得出截然不同的结论（图 2-3）。

可见，海岸线不像"图"与"底"的境界线那样，具有明确的边界。如同上述提到的，无论现实还是我们的认识，边界都随时间而变化，如果进一步考虑到实际上还存在潮汐变化等内部空间渗透作用的影响，便无法接受处于中间领域的存在状态。中间领域为零的观点与古希腊哲学之后的西欧二元论在理论思维上是共通的，而日本则以独特的暧昧思维将中间领域扩展得很大。中间领域内含未定内容的柔软结构，表面上看似反秩序，然而实际上却可以说是一种无缝的结构。另外，中间领域思维与最近出现的信息理论中的重要概念"冗长度"也有相通的地方。

---

1 埃德加·鲁宾（Edgar Rubin，1886—1951），丹麦心理学家，1915 年因发表了关于图底关系的论文而闻名，其在论文中所绘制的"圣杯图"图形也因此广为人知。

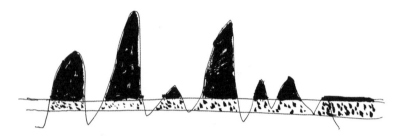

图 2-2 水面升降造成地形的变化

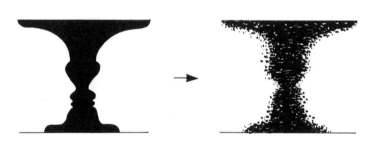

图 2-3 埃德加·鲁宾的《圣杯图》与轮廓线的外渗

　　上述理论也可以应用于建筑形态、街道美学、城市景观等。正如第一章中提到的，在建筑和城市规划上，西欧（及中国）的规划思想主要是从"整体"结构开始，而后深入到它的局部，一幢建筑与它的周围环境之间或者一座城市与它的周围的乡村之间，这种手法令建筑、城市具有明确的轮廓线。我们可以在帕特农神庙正面的对称线中看到这一点，也可以在中国古城西安或意大利的中世纪城堡得到证实。在那里，城市的外轮廓线是由它的防御城墙形成的，从一开始就创造了一个清晰的形状。与此相对的是建筑、城市从"局部"出发，通过局部增殖方式扩展形成整体形态的手法，例如日本的木结构建筑群、城市景观在扩建上都是左右非对称式的，以东京为首的日本大城市也都是像蚕吞食桑叶一样不断扩张。这类建筑和城市，其外轮廓线的周边由于具有不断流转的中间领域，也就是具备了一定的冗余性，这种冗余性使整体形态极其不安定、不明了。

　　仔细观察日本的城市环境，我想，这种让轮廓线保留暧昧的智慧在其中发挥着重要作用。由于明确轮廓线，等于以其为标准，对其中的建筑功能和生活加以制约，这就需要建立起完善的建筑基准法和城市规划法，抑制个人的自由。与欧洲各国相比，日本的建筑与城市政策具有相当的自由度和暧昧性。同时，在狭小的用地上拥挤地生活着，也没必要为了获得形态的整合或明确的轮廓线而令自由尽失吧。在德国南部"浪漫之路"沿线的地区，诸如罗滕堡那样美丽的地方，城市被城墙环绕，里面排列着造型各异的坡屋顶建筑，通过订立地区协议对屋顶形状、墙面色彩等加以规制。巴黎的城市景观也一样，绝不随意改变既有的形态，极力排除电线杆、输电线、室外广告、垂幕等这类对建筑轮廓线造成模糊的内容，以展示建筑明快形态的轮廓线为重点。

　　对于西欧建筑，传统上均以其外观轮廓线作为城市景观的决定要素，其形态具备了完结体的整体性，故一旦完成后便没有多少变更的自由度了。同时也不大会产生拆除的念头，这是因为西欧建筑是注重形式的"墙体建筑"，而不是日本那种注重内容的"地板建筑"。内容顺应社会发展而变，形式则一旦确定下来后就不容易改变了。巴黎等地常见的将建筑的高度、外墙线进行统一规划的做法，在日本除局部地区之外，几乎没有（图2-4）。而且日本对与建筑轮廓线关系密切的窗形位置、墙面的材质和色彩等也是毫无规制，各种招牌、屋顶上的霓虹灯广告等从墙面轮廓线外挑的物体，垂幕、电线杆、输电线、树木等遮掩了轮廓线的物体，所有这些合在一起，令事情更加复杂。此外，建筑使用者还会给窗户挂上各种颜色的窗帘、在阳台晾晒被褥、衣服等，令轮廓线更加复杂，这类似于曼德博在"分形几何学"中所提到的海岸线通过将"自我相似"的图形不断生发而变得复杂化。在城市景观中，建筑轮廓线的明确程度一方面和城市绿化有关，事实上绿化越丰茂则建筑的外观越不可见，轮廓越发变得模糊不清；另一方面，在自然环境上也和高温多湿的气候相关，尤其是多湿这一特点，与南欧等低湿度地带在轮廓线的清晰度上呈相反关系。

　　面对建筑轮廓线的暧昧性，以及不得不保持暧昧的事实，我们该如何来接受这一客观现状呢？我想，明确的轮廓线产生了明确的形态，并从中展示出艺术性。反之，轮廓线不明确，就像自然发生的群体结构、自然生长的树木等形态，具有随机的性质。后续将会谈到，这种性质并非将日本的城市放纵得毫无秩序，而是在其背后形成了"隐藏的秩序"，成了对建筑和城市在另外意义上的将来性的预感基础。那么，"隐藏的秩序"究竟是什么，有待后文详细阐述。

图 2-4 井然有序的巴黎街道——里沃利街

2. 变形虫城市——隐藏的秩序

　　在城市空间的营造上，没有明确的中心，无论走到哪座城市，看到的都是几近相同的凌乱风景，城市缺乏个性面貌，只是像蚕吃桑叶一般，漫无目的地扩张，世界上再没有一个国家像日本这样的了。这些都是在欧洲城市中所看不到的现象。烧了那边建这边，这一带不行了就重点建设那一带吧，像这样没有长期的城市规划，只是基于短期视野，日本的城市也将就着存活了下来。

　　至于东京，自江户的大火开始，经历了关东大地震、第二次世界大战的战火肆虐等，几成废墟但却一回也没有被毁灭过，城市不仅存活了下来，而且获得了新生。当欧美许多城市都在焦虑于中心区人口减少而造成的"空心"现象时，日本的城市中心区却充满了活力，通过新陈代谢保持常新，富于变化，对欧美那些石造建筑的城市因固化、停滞而愁于发展的状况，日本似乎并不担心。由此我想：日本的大城市总在变化中发展，就如同没有骨骼的软体动物一般，毁了、烧了，还能复苏，于是给这些具有整体性质的城市冠以"变形虫城市"的名称。暂不论这种变形虫城市是好是坏，日本的城市确实不屈不挠地持续生存着。钢筋混凝土这种看似永久的建筑材料，由于受到大气污染而引发酸雨等影响，实际上寿命并没有想象的那么长。最近东京都内拆除的建筑多建于大正末期到昭和初期（20 世纪二三十年代），其寿命最多也就五六十年。与此同时，城市基础设施自身的寿命，在结构和功能上都相应地缩短。除科技本身的耐久性之外，社会环境的急速变化也对城市功能和建筑内容的变更提出越来越多的要求。另一方面，当发现建筑外墙的面砖剥落、金属幕墙遭受腐蚀、电梯或空调设备的效率下降等问题时，或是在准备导入电脑设备时却发现楼板的承载力、电力供给、层高等都存在不足时，日本人通常会说，既然这么多问题，还不如按最新标准重新建造。这种思维可以说与更换榻榻米的面层、重新裱糊推拉门上的贴纸等江户时代以来的传统文化，以及《方丈记》《徒然草》等文学作品中将现世当作临时居所的生死轮回的无常观有着撇不清的关系。西欧的石结构建筑历经数百年，仍保留着往昔的外观。这在日本人看来，似乎便是落后或停滞了。佛罗伦萨面向领主广场（Piazza della Signoria）的市政厅，或是锡耶纳田野广场（Piazza del Campo）前的市政厅，自文艺复兴时期至今数百年，一直作为城市中心的象征性景观存在着，今天依然发挥着功能。在日本，市政厅建筑对市民来说并没有多少重要的含义，很多二战后建起的政府大楼都已完成使命而被拆迁、改建。和辻哲郎曾对日本国民进行过以下论述："肩负着自觉建设城市、具有传统认知的国民，具体而言，当几十甚至数百号人辗转抵达一处陌生的土地时，面对一个连住房都没有的环境，首先是建立起作为市民代表的组织，从中选出市长、议会成员等，并由无派系的人来担任裁判，宣布在此将建设一个城市的决定。"与日本人相比，西方人对于城市成立的根源乃至遍布城市空间的建筑群，其存在意义、永久性、纪念性等的认知都截然不同。

　　下面要提的是"变形虫城市"中的时间变化。"二战"后日本的快速工业化带来了城市中的人口集中现象，以市政厅这种西欧城市中最具标志性存在意义的建筑为首，各种城市设施由于规模不足造成了超负荷状态。与德、英等国推行的长期城市规划不同，日本在面对急剧的需求时，一贯采取就地对应的暂时性手段。像全国综合开发规划这种乍看像是长期规划的内容，和其他国家相比实际上也只是短期的规划，走一步看一步，随时进行调整。本来在国土或城市开发上，是不允许先试行、不行再调整的做法的，可是由于日本社会随着时代的急剧变化，短期规划可以随时修正，根据时局进行巧妙对应，反而最终得到了良好的结果。

　　比如，在道路的建设上无所顾忌，一味地强调功能优先。之后如果发现机动车噪声太吵，就支起难看的隔声墙；如果步行者需要过马路，就架起设计粗糙的人行天桥。日本这些道路建设相关方，既缺乏美感，也欠缺对道路本身具备的文化认知。昔日的道路，自丝绸之路开辟以来，在《东海道五十三次》中也能看到与所在地文化密切的关系，以画诗的形式，带着梦想和憧憬，令人难以忘怀。在还没有出现机动车公害的年代，就连日光街道、箱根街道都有亭亭如盖的杉树。干线道路和周边的用地之间应该预先留出足够的、作为缓冲地带的中间区域，等到发生争执时才来解决就太迟了。总的来说，道路规划，不仅需要考虑点与点之间在交通运输上的便利性，还必须针对所在地的文化，进行前瞻性的综合规划。而现实却是在短期内进行建设，然后到了财政年度末，即便没有损坏也要适当地进行修缮，沿道的建筑用地和道路建设前一样，仍旧是私人所有，可以随意分割。受遗产税等因素影响，用地可以根据需要加以细分，却无法将其统合而使土地利用具备整合性。在这种不规整用地上建造的房屋，自然成了不规整的建筑，小块用地上的建筑成了"铅笔楼"，设置楼梯、安装电梯后能用的建筑面积就所剩无几了。不好的用地形状，就如同咬合不正的牙齿一般东倒西歪。这样一来，即使借用国外住宅组合制度、城市更新制度等来试图获得对用地的综合利用，也由于土地所有者之间复杂的利益关系而难以获得符合日本国情的实施效果。既然这样，那也别等道路扩幅，地区区划整治、更新等行政手段的实施了，只需要土地所有者们各自在法律许可范围内，把用地建满就可以了。在这种短浅目光下建设的城市，难怪总是一副无秩序的丑陋模样（图 2-5）。

据说巴黎在 19 世纪就建成了世界上最美的街道。沿道的石结构建筑，建筑轮廓线、檐口高度、层高、开窗等方面都要求保持和谐，形成端庄、整洁的排列。与此相对，在支撑着城市人口的功能区，却面临着办公设施短缺的问题，由于不让建造破坏街道景观的金属或玻璃外观的办公大楼，造成就业率低下、失业率上升。对于像东京这样，乍看杂乱却又活力沸腾的日本大城市，估计巴黎市民一定是抱着既轻蔑又羡慕的感情在

图 2-5　杂乱的日本城市景观

关注吧。面向 21 世纪的高度信息化城市，人类将进入理想城市 [1] 的时代，为了实现光纤电缆、INS（高度信息通信系统）等的网络建设，将产生大量挖掘地下、空中架线的需要。由于巴黎无法对城市实施彻底变更，或许我们都将重新对东京这种变形虫城市的暧昧性进行评价。

确实，日本的城市缺乏鲜明的个性，杂乱中缺乏和谐的美感。然而，它容纳了众多城市人口，实现了令世界惊叹的经济发展。相对于西欧城市对"形式"的重视，日本关注的则是"内容"，两者之间存在根本区别，我想这就是在日本城市背后存在着看不见的"隐藏的秩序"的缘故。否则这么多市民是无法定居其中、城市也无法持续繁荣的。"隐藏的秩序"的观点也存在于本华·曼德博的"分形几何学"中，按照曼德博的新理论，在自然的无秩序中存在着包含乱数系的软性秩序结构体系。还有，由电脑绘图所制作的分形图形，其形态、表现均不是一开始便存在于大脑的内容，而是通过赋予不同的变数随机产生的。

这里以东京为例加以考证。不同于西欧城郭固定、收敛的空间，东京的城市空间自发而扩散，乍看杂乱而无序。但如果我们认识到有一种看不见的秩序，通过它，整个结构的每个层次允许了一定的"杂乱无章"和随意性，以便适应环境的变化，如同在多细胞生物体的增殖中基因的作用，那么我们会看到在城市结构中的一种秩序。

东京总是从"局部"朝向"整体"发展，具备某种随机性和不断变化的自由形态，即带着"随意性"走向"整体"。这个"整体"，对于范围内的各个构成单体来说是"整体"，而对于其上位秩序，即更大范围的"整体"来说则又成了"局部"。东京是一个时时兼备变化与发展

---

1 理想城市：原文中使用了 landtronics 一词，意为理想城市的形象，用在来自建筑、系统工学、电子工学等领域的思维观点。

的有机体，甚至还具备切割分离不必要部分的能力。

　　包括道路、铁道、港湾、机场等公共交通系统，城市燃气、电力等能源供给系统，上下水、污水处理系统等在内的城市基础设施建设，即便只是套用简单的土地利用制度，建立建筑面积的容积率规制，也能满足城市硬件建设的二维目标。若要实施西欧城市的三维城市规划，则需要更为详细的指导和规制。比方说，先把弯曲的道路改直，相当于去除乱数，把X轴上的数列加以规整；接着对与其垂直的Y轴也施以同样的作业；最后在Z轴上对各构成部分的高度加以整合。这时城市建筑在外观、色彩上都获得了统一，坚决排除广告牌、电线杆等多余的东西，只留下城市本来的秩序，不过恐怕这样做的结果是令巴黎、纽约、东京都变成同样的面孔。换句话说，如果利用电脑随机产生图形的方式，在巴黎那些具有正面性和左右对称性的建筑形态中加入乱数系的元素，那么也可能产生类似东京的景观。这是因为两座城市都带有城市的基因遗传信息。东京的任何一个局部中都包含着自我的"整体"，我想这种观点与戴维·玻姆[1] 提出的"隐秩序"和"显秩序"的理论也存在共通的关系。玻姆认为"宇宙结构是完整成像的（holographic），由于人脑也具有同样的结构，人类的意识和物质基本上属于同系，可以认为其中具备某种隐藏的秩序。"他将这种隐藏的秩序称为"隐秩序"（implicate order），人类意识的形成、物质的存在都是这一隐秩序的外在表现。他把这一外在展示出的世界称为"显秩序"（explicate order）。玻姆的这一明确结论，发自人类意识，并触及通向物性世界的秩序，深化了意识层次，通过意识的变性状态，既与超个人心理学（transpersonal psychology）这一被认为透视到与普

---

[1] 戴维·玻姆（David Joseph Bohm，1917—1992），美国物理学家，致力于量子力学新解析的研究，写下了著名的《量子理论》一书，其观点对曼哈顿的城市规划有重要影响。

通人眼中世界所不同的现实学说相关，同时与东洋思想也存在着密切关联。当以这种思维来研究城市时，或许可以认为东京是属于"隐秩序"，而西欧城市则属于"显秩序"。

对于"隐藏的秩序"，假如抛开形而上学的分析，从更为具体的城市生活或城市功能角度出发加以思考，就不得不提起人类生活不可或缺的上下水道。日本的上水道建设和普及取得了非常可观的成就。日本拥有天然清冽的水资源，自来水可以直接饮用如同常识，谁都不会对此多虑。然而世界上能做到上水即饮的国家，实际上除日本之外，只有美国、加拿大、澳大利亚和欧洲的为数不多的发达国家。在巴黎，依云（Evian）瓶装水当然可以饮用，而自来水却不是直接饮用的。冲水厕所的用水和威士忌的兑水都来自同一自来水系统的国家，实际上除日本以外并不多见。再有，按日本目前的卫生条件来看，来自饮用水的传染病传播途径也几乎不太可能。反之下水道的普及程度又是怎样的呢？相比西欧的发达国家，日本的下水道普及程度较为落后，这一问题在过去被反复提起。下水道的普及据说源自中世纪欧洲的城郭。城市围以坚固的城墙，日暮时分，不要说居民，就连牲畜也要被圈回城墙里，紧闭城门。由于城内都是石结构建筑和铺石地面，粪尿处理问题便成了比利用城墙防御外敌入侵更为令人头痛的问题。这样的迫切需求推动了下水道的普及与发展，然而在过去的时代中，依然不时遭受臭气弥漫、传染病蔓延等的困扰。巴黎也曾有过同样的经历，对此鲭田丰之[1]、冈并木[2]等都有过详细的记述。伦敦在 1848 年曾暴发霍乱，其结果大大推动了冲水厕所的普及。过

---

1 鲭田丰之（1926—2001），日本历史学者、评论家。主要研究领域为西方中世纪史、东西方文化比较，代表著作有《肉食的思想》《文明的条件——日本与欧洲》等。

2 冈并木（1926—2002），日本媒体作家，专于交通和比较城市论领域的研究和评论。主要著作有《城市与交通》《铺地与下水道文化》等。

去，在日本铺地并不普及。不同于西欧各国穿鞋入室，日本习惯于脱鞋进屋，因而是否有地面铺装和市民的生活并没有多大关系。同时，粪尿作为重要的农业肥料，自江户时代以来都被作价售卖，甚至曾被称作值钱的"金肥"，是农业生产的基本资源，而非被嫌弃的污染物。在日本，厕所作为满足生理排泄功能的场所，甚至被赋予了充满诗意的文学表现，这也是世界上罕见的。比方说谷崎润一郎有过如下描述："虫鸣鸟声月色，厕所实在是欣赏四季交替景色的绝妙场所，说不定古代的歌人也从中获得了无数的创作题材吧。或许可以说，在日本的建筑中最为风雅的空间就是厕所。我们的祖先将一切都予以诗意化，将住宅中最为不洁的部分变成了雅致的所在，与花鸟风月相联，展开丰富的想象。而西洋人对其发自内心地嫌弃，甚至到了人前忌谈的地步，我们是多么的贤明，真正理解风雅的真髓。"

从以上的描述可以看到：对于排泄物，在日本并没有因为它是臭气的源头或传染病的根源而人人避之唯恐不及，而是将其作为市民生活的一部分予以接纳。回家后换鞋的习惯形成了脱鞋文化，最终演绎成内部秩序高于外部秩序的上位空间秩序。我想这一观点与日本最终形成了上水道普及、下水道落后的状况有着密切的关系。另外，由于未能普及地面铺装，雨水通过渗透地面还原地下水，保持大地的生命力，促进有机生态体系的循环。然而"二战"后，日本在城市化进程中，首先面对的是对标西欧标准的铺地和下水道的普及要求。诚然，这是提升城市文化生活的保障，但若过度，则可能引发生态问题。相比现代冲水厕所的下水直接外排，过去那样通过一个个净化槽来进行污水处理的方式，反而更为文明。铺地尽量采用透水性材料，再加上净化槽的排水，尽可能地将自然界的水还原大地。这样想来，东京下水道的普及率之所以低下是有其道理的，如继续发展下去，到了巴黎那样的普及程度，或许会造成城市的衰退。

　　日本城市中上水道得以普及而下水道落后的现实状况，从隐藏秩序的角度来说，也许可以说比巴黎等西欧城市还要先进和文明。再者，由于可以随处设置电线杆和输电线设施，使得城市的供电事业发展简便而迅速，也为高度信息化城市时代的到来提供了快速应对能力。同一语言同一种族的市民，基于暧昧的理念，彼此间建立起不经意的互动关系，也对预防犯罪和维护治安发挥了积极的作用。这样比较起来，日本的大城市，表面上虽然杂乱、毫无秩序，如忽略美学的、文化的价值，但住起来要比巴黎等地更加舒适。可以说：看不见的"隐藏的秩序"确保了城市的存续。希望西欧各国也能关注日本城市的这种特质。另外，在城市景观上，日本人还需要对其整合性加以提升，通过对局部的调整来努力提高"可见的秩序"。我想这样做的话，或许日本可以创造出世界城市发展的典范。

3. 加法与减法的形态——局部与整体

　　构建建筑空间秩序的方法，有加法方式和减法方式，这是我曾论述过的内容。就拿雕塑来说，可以在空旷的地方置入素材，通过不断追加、堆砌而成，也可以采用已有的石材或树木，通过逐渐去除上面不要的部分来塑形。对于建筑空间也是如此，有的建筑是先构建起内部秩序后，离心式地对空间进行扩展，也就是以加法为重点的空间营造方式；也有先明确敲定建筑的外部轮廓，再在其内部向心式地营造空间，即基于减法的方式，通常可以大致分为这两种方式。它们基于"整体"和"局部"的关系，区别在于从"局部"出发还是从"整体"入手。举例来说，芬兰建筑师阿尔瓦·阿尔托（Alvar Aalto）的作品属于前者，而20世纪建筑巨匠勒·柯布西耶（Le Corbusier）设计的马赛公寓则属于后者。换个角度来说，这是建筑的"形式"与"内容"的问题，与采用哪种空间营造方式有着密切的关系。略带夸张地讲，就是在设计入手时，基于建筑外观的体量比例、均衡等决定建筑的形态，在已定下的形态中填充"内容"这样一种创造建筑空间的方式。

　　在这方面我有过两次体验。一是在"二战"后的昭和二十九年（1954），我在结束了美国的留学生活后初次走访了巴黎。在那里，过去曾和我一起在马塞尔·布劳耶设计事务所工作的南美友人带我去了勒·柯布西耶的事务所。不巧那天柯布西耶不在，在参观他的工作室时，我看到桌子上叠放着大量他亲手绘制的建筑原图。这些图看上去大多像建筑的形态草图，在决定要设计哪种用途的建筑之前，为何能够一口气描画出这么多建筑形态来呢？ 记得那时我对此颇感疑惑。估计就是像雕塑家那样，把所想到的都通过形态草图记录下来吧。雕塑的内部没有生活功能，这是与建筑的本质区别。这次参观是我在这方面的首次体验。

　　随后便经历了我的第二次体验。离开巴黎之后我去了马赛，参观了柯布西耶那栋名为联合公寓（Unité d'Habitation）的集合住宅（图 2-6）。过程中的惊讶和感悟至今依然历历在目。远眺时，建筑整体呈现出绝妙的体量尺度，以强有力的脚柱支撑起入口上方的挑檐结构，还有混凝土的素材感、深凹的窗线、刺眼的色彩等，感觉如同欣赏皮特·蒙特里安的绘画，仿佛透过墙缝窥视着他桌子上的那些草图。然而随着走进建筑内部，看到的却是另一番情景，门和楼梯周边的细部设计粗糙，当参观到其中的一个居住单元时令我更感惊讶。单元的开间宽度只有 4.19 米，而进深长度却达到其 5 倍，这一细长的居住单元，简直就像是少了小内庭或开放过厅的京都民居的平面，从建筑设计原理上很难想象人们如何才能在其中舒适地居住。这显然采用的是从尺度比例的"整体"出发，根据"内容"需要进行空间拆分的手法，将建筑当作巨大雕塑来对待。之后当我游历到印度旁遮普邦行政中心昌迪加尔时，更惊讶于那里分散的建筑和巨大的间距。它们让我理解了一个事实，就是与印度的生活毫不相关的柯布西耶，将他构思的、放在工作室桌子上的形态草图，通过数百倍的放大，造出了巨大雕塑般的建筑（图 2-7）。那些在外观上统一了"形式"的建筑，被拉开间距，按几何形式进行配置。我想，这便是先定下外观轮廓线，按减法过程来设计建筑的典型案例。

　　与不能进入其中的雕塑不同，包含适合人类生活的内部空间是建筑本身的宿命。因此采用在草图上勾画出外观"形式"，并以此来决定建筑形态的设计方式，存在着先天的不足。因为我认为建筑本应充分分析内部功能，并将其在外观上予以体现。没有内部功能的构筑物，比如说纪念碑或塔，其内部是巨大的单一空间，即使尺度上稍有偏差也不至于影响使用功能。教堂等宗教建筑的大空间也是如此，对于这类建筑，初期的形态草图对设计能够起到重要作用。它们适合采用柯布西耶那样的设计方法，即在决定了整体形态的前提下，通过减法过程来设计。当然这只是我的想象，他本人并没有说过任何关于他是这样推进工作的话。

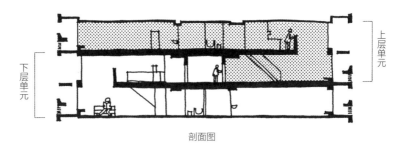

剖面图

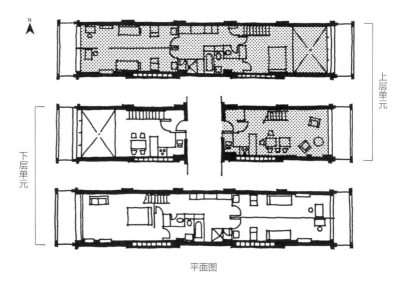

平面图

图 2-6　马赛联合公寓的剖面图、平面图

图 2-7　昌迪加尔街景

而对于像公寓或医院这些必须担负人类生活功能的建筑，并不适合上述设计方法。

　　备受美国建筑界欢迎的保罗·鲁道夫[1]，在他来日本的时候，我们曾经有机会一起对建筑进行了探讨。当时他对我讲过的一番话，至今仍令我难以忘怀。大概意思是"对保罗·鲁道夫、柯布西耶来说，即便被邀请设计医院项目，他们也不会接受的。为何这么说，因为在医院建筑的设计中，医疗设备等精细的尺寸和引导线设计起着决定性的作用，这就大大削弱了外观形式的设计自由度"。原来是这样，柯布西耶没有设计过医院，而阿尔瓦·阿尔托则设计过。帕米欧结核病疗养院便是他初期作品中的杰作，这一作品也成为世界近代建筑的前卫之作，在当时备受瞩目。

　　我以芬兰建筑巨匠阿尔瓦·阿尔托的建筑作为加法构造的例子，原因就在于此。后来看到了他设计的建筑平面图，有左右非对称的教堂、不平整的音乐厅等（图2-8）。柯布西耶所关注的模数、比例、整合性等在阿尔托的设计中不见痕迹，我甚至以为其工作就是将必要的内容不断地追加上去。实际上当其作品轮廓置于芬兰的针叶树林中时，才发现之前在看图纸时并没有意识到的与自然的调和、建筑内容在外观上的自然呈现，心中不禁被设计者温厚的人性深深触动。与此相对，柯布西耶的建筑由于具有明确的外形轮廓，如果周围出现建筑或树木之类的遮挡物时，就会造成外观"形式"上的欠缺。阿尔托的建筑却以芬兰的树木为衬托，在树林中若隐若现的建筑轮廓更具魅力（图2-9）。这就如同日本的桂离宫或修学院离宫，失去了周边的树木，建筑将无法成立（图2-10）。柯布西耶的建筑在性格上"唯我独尊"，因而需要像在昌迪加尔那样加大

1 保罗·鲁道夫（Paul Rudolph，1918—1997），美国建筑师，在建筑设计上提倡造型与功能同样重要，而不是形式追随功能的现代主义主张。

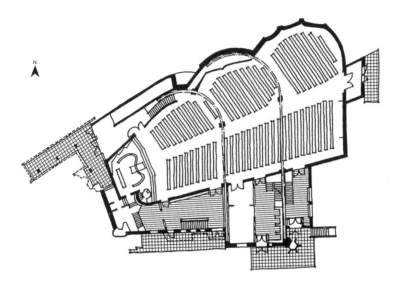

三十字教堂

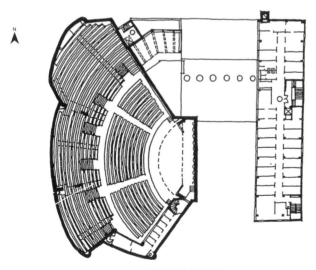

赫尔辛基文化会馆

图 2-8　阿尔瓦·阿尔托作品的平面图

图 2-9　阿尔托大学

图 2-10　被树木环绕的桂离宫

建筑间距，并通过远眺来欣赏。

在日本，建造传统的日式住宅时，只需把大概的平面布局画在网格纸上交给工匠，便能造出像样的房子来。这类平面布局基本上已经直接决定了建筑的外观，可谓是"内容"优先于"形式"的例子。在桂离宫的建筑群中，随着古书院、中书院、新书院等空间的逐次追加，才营造出今天桂离宫那精妙的整体形态。在东大寺法华堂（三月堂）的建筑中，主殿是奈良时代的庑殿顶，镰仓时代增设的礼堂则采用歇山顶的形式，但整体呈现出和谐统一的效果。若不通过加法构造，是难以实现的。对于古希腊的帕特农神庙、哥特式的巴黎圣母院，还有柯布西耶的马赛集合住宅，无法想象它们怎能在扩建过程中维持整体在"形态"上的均衡。因为它们都属于以"形式"为中心、实现了自我完结的建筑，外观轮廓上毫无暧昧之处，因而也无法容纳任何与建成时相异的形态。那么，由这种有着明确轮廓线的建筑所形成的欧洲城市又将走向怎样的未来呢？

采用加法方式构造的建筑从建筑的"局部"出发，逐渐建立起外观秩序；而采用减法方式构造的建筑，则是从"整体"出发，逐渐在建筑内部建立秩序的。关于"局部"与"整体"的关系，我想在此稍加分析。通过引入亚瑟·库斯勒[1]的"子整体（holon）"[2]概念，来思考这种具有层级关系的秩序。

---

1 亚瑟·库斯勒（Arthur Koestler, 1905—1983），匈牙利裔英籍作家。他的作品关注政治和哲学问题。发表于 1941 年的《中午的黑暗》是他最重要和最受欢迎的代表作。

2 子整体，源自古希腊语"整体"的意思，亚瑟·库斯勒在 1967 年的著作《机械中的幽灵》（*The Ghost in the Machine*）中借用这一概念，分析了整体和构成要素的关系。

　　"holon"一词源自古希腊语中的"holos"，意为"整体"。与质子（proton）、中子（neutron）等词一样，词尾是代表粒子或局部含义的"on"。这里也顺带介绍一段库斯勒说过的趣话："在瑞士有名字叫比奥斯和美柯斯的两个表匠，两人都是用 1 000 个零件来组装一个钟表。美柯斯是将一个个零件顺次组装起来完成一个成品；而比奥斯采用的则是先以每组 10 个零件的方式组装出单元块，再把单元块合成钟表的方法。如果工作过程被中断、出现意外或丢了零件，美柯斯就必须从头来过了，而比奥斯不但不用从头返工，即便是在完工前最后一刻出现意外，最多也只是重复最后的 9 个组装工序就可以了。假设每个钟表有 1 000 个零件，组装中如果平均每 100 次出现一次意外，则同样的工作，美柯斯所花的时间可能是比奥斯的 4 000 倍，比奥斯一年可以完成的工作，美柯斯要花 11 年。""在从单纯体系向复杂体系进化时，如果有安定的中间形，其进化速度将大大加快。"库斯勒还说道："阶层性的首要普遍性在于针对其中一小部分所使用'局部'或'整体'的用词具有相对性与不明确性。我们之所以忽略这一点，是因为特征过于明显。通常所说的'局部'，是残缺而不完整的物体，意味着无法正当化自身的存在。与此相对，我想'整体'则是已获得了自我完结，无须更多说明的内容。然而，这种绝对意义上的'局部'和'整体'，实际上是不存在的。在生物界或社会组织中，我们所看到的，是逐步复杂化的、建立在一系列尺度上的中间结构，即'亚整体'。依观察角度不同，呈现出整体或局部的性质。"库斯勒将这种"亚整体"命名为"子整体（holon）"。

　　这种观点也可适用于建筑或城市的形成过程。比如一栋住宅，对居住者来说是一个完整的"整体"，如果好几栋集结起来形成村落，每个单体又只是村落中的"局部"。而且它并非只是一个"局部"，它同时也是库斯勒所说的安定的中间形，是从纯粹住宅向复杂城市进化时所必需的"亚整体"。这种"亚整体"必定具备某种普遍性，关联其更为上位的"亚整体"。可以说，子整体理论存在于局部之中，具备像基因一样贯通整体的共同要素。这就如同在木材切面、石头碎片中存在着可以预知整体的因子一样，当建筑聚集形成上位的城市空间时，其中的每座建筑都具备某种共同的性质。如果其中混进了含有完全异质因子的建筑时，就难以形成上位的社区。在上述通过加法形成建筑的过程中，完成的不是单纯的加法，而是建立在选择隐藏秩序中共同因子基础之上的加法。日本的建筑和城市在结构上，或许原本就存在着这种"亚整体"的思想，"子整体"也存在于阿尔瓦·阿尔托的加法建筑中。与此相对，以减法形成的建筑由于自我完结的整体性强烈作用，导致了"亚整体"思想的缺失。

由此可以发现：日本在营造建筑和城市方面的思维，和生物有机体的诞生有着共通之处，按照内容优先、功能优先的轮回不断反复，欠缺形态上的完整性或艺术性，相应地具备了冗长性（redundancy）。显然，在这种看似杂乱的无秩序状态中也存在着无形的"隐藏的秩序"。无论是一个建筑单体，还是一个街区、一个城市，一开始就强化"亚整体"的意识是一种好的思维方式。这样才能够基于库斯勒的理论，将乍看无序的日本建筑、城市空间的存续理由向西欧人说明。

4. 绿化的哲学

我想提起的另一个话题是当前日本大力提倡的绿化问题。毫无疑问，"绿化"的概念已经深入人心。即使在注重以造景形成建筑外观的西欧城市，想解决城市的绿化问题也并非易事。就拿巴黎来说，如在圣母院、歌剧院或玛德莲娜大教堂这些左右对称、具有端庄正面性的建筑前面植树绿化，会是怎样的效果呢？这就像在那些留芳美术史的西洋名画前摆一盆花来欣赏一样，我想肯定无法得到巴黎市民的认可。在巴黎市区散步，仔细观察便能发现：不仅没有妨碍欣赏建筑外观的电线杆、输电线等，就连街道树也颇费心思。采用同一树种，左右对称地排列，十分端庄，而且修剪得整整齐齐。在绝不会妨碍重要建筑的正面景观的前提下，小心翼翼地进行配置。比如：圣母院的正面就没有栽种树木，只是在背面不太引人注目的地方才会出现绿植（图 2-11）。

在欧洲，越往南，夏季气候越干燥，因而树木也难以栽培，比如意大利的广场上见不到一棵树。在著名的锡耶纳田园广场，扇形地面铺着漂亮的石材。文艺复兴时期以后建造的广场，比如威尼斯的圣马可广场（图 2-12）或罗马的卡比托利欧广场，地面铺装都十分美观，但是没有一棵树。西班牙和那些漂浮在美丽的爱琴海上的希腊小岛也一样（图 2-13），街道上除了极其特别的少数地方之外，都不会植树。干燥地区的自然景观呈现出淡墨色，庄重而威严，本来不适宜绿植的生长，人类创造出的建筑轮廓线、铺地等人造美景，在与自然的对立中彰显自身的存在。因此，西欧各国在自然条件和不留暧昧的建筑轮廓的影响下，城市绿化未必能够顺利实施。北欧则另当别论。

然而在日本，绿化的推行过程极其简单。树木常生，其形态也常变。落叶树从新绿到红叶，经历着生命的美妙转变，对其背后建筑轮廓线的

图 2-11 巴黎圣母院背面的绿植

图 2–12 没有绿植的圣马可广场

图 2-13　希腊小岛上纯白的建筑街景

遮挡程度也随季节的不同而变化。而且，不停地生长和随风摇动，变化的季节令绿植没有固定形态。这与欧洲城市建筑一成不变的景观形成对立关系，或许和日本城市总是处于流转、充满变化和活力也有一定的关系。日本城市建筑常常安装一些临时性的东西，比如促销的广告幕、樱花或红叶的塑胶装饰彩带、二手车卖场飘扬的彩旗等，从丰富的内容来看，我们已习惯于回避僵化的建筑轮廓线，故意将其暧昧化。将原本缺乏统一性的建筑表皮遮隐起来，令空间变得暧昧，我想绿化在这方面起到非常大的作用。

在美国或英国，草地常常被作为城市绿化的手段之一。这与和辻哲郎在《风土》中提到的"牧场"风土适合草地生长不无关系。作为不妨碍城市景观的绿化，草地无疑是最好的方式。在日本，城市公园或庭园多以围墙或常绿树环绕以遮挡内部。而在西方，纽约的中央公园或巴黎的布洛涅森林等大规模的自然公园自不必说，通常即使栽种了树木，园内的景观仍相当通透，人们可以昼夜不分地散步其中。而日本的公园，由于周围都被树木或围墙环绕，人们走进园内，其景色确实很美，但由于视线不通透，空间的平面扩展性不足，对城市环境的美化并没能发挥多大的作用。就像沿着街道种树一样，只能起到直线的效果。同时由于空间的闭塞，这些场所晚间多禁止出入，难以起到全天候绿化城市空间的效果（图 2-14、图 2-15）。

城市绿化并非树种得越多越好，绿化应从最有效的身边做起。在最为繁华的十字路口，比如在东京，就应该在银座四丁目之类的繁忙路口种上巨木，形成"绿色交叉点"。据我所知，神田地区的一个交叉点就是这方面的例子，地区居民说服了治安管理的警察，从九州运来了栲树，栽种在路口处（图 2-16）。若在城市郊外的偏僻处绿化，市民则难有认同感。由此，我有一个提案：即便仅栽种一棵树木，都用乘以一个邻接效果系数（Accessibility co-efficiency）来确认其效果。系数取值以市中心

图 2-14　奈良开放型的公园

2-15　新宿御苑封闭型的庭园

图 2-16　东京神田丰富绿化的"道路交叉点"

为 10，而郊外偏僻地区、交通不便的填海地区等为 0.1。也就是说：市中心的 1 棵树，其景观效果相当于郊外地区的 100 倍，而偏僻地方的 1 棵树，其效果仅有 0.1。这样的话，车站前种上 100 棵树，其效果可能相当于 1 000 棵，在银座十字路口每栽种 1 棵树便有了 10 棵树的效果。统计上常提到各国人均公园面积指标、绿化倍增规划等，如不使用导入这一效果系数的计算手法，即便公园面积增加了、绿化翻倍了，市民也很难有实际感受，达不到预期绿化效果。像广岛市的中心地区绿化、神户市区花道（图 2-17）的美化方案，对市民来说就很有效果，是获得邻接效果系数高值的实际案例。

图 2-17　神户市的花道景观

第三章

内部空间

1. 天花板高度

　　建筑的内部空间与外部空间的根本差别在于是否有天花板。要论述内部空间就必须考察天花板。决定建筑空间的三要素分别是地板、墙体和天花板[1]。日本传统木结构建筑属于"地板建筑"的体系，而西欧石造建筑则属于"墙体建筑"的体系。这在前文已有论及，下面将从建筑空间的角度，对日本建筑与西欧建筑的地板、墙体和天花板的关系加以论述。

　　首先，日本的建筑在室内空间高度上明显低于西欧建筑。不仅住宅如此，作为办公空间的写字楼建筑、酒店、餐厅等，无一例外。

　　这是为什么呢？统计资料显示，日本人的平均身高要比西欧各国低10厘米左右，不过我想根本的原因在于文化、风土的不同。在日本的传统木结构建筑中，为了避开地面的湿气，不是使用椅子或睡床，而是将地板架高，与地面分离，形成通常所说的"高脚"式建筑，以确保地板下的通风。装修上，在室内地面全铺上榻榻米或木板，一家人脱了鞋在房子内自由走动，其乐融融，从某种意义上看室内整体也像是一张"大的睡床"。有位外国人初访日本时曾说道："日本人看上去似乎从早到晚都生活在卧室中。"和西欧相比，日本人之所以不常在家中会客，或许正是心底里觉得卧室作为私密空间，除关系亲密的家人外，并不适合外人进入。在地板上或坐或睡，除在没有铺地装修的厨房是站着之外，其他日常生活几乎都是以坐为主。结果，与西欧人坐在椅子上、躺在睡床上的生活相比，日本

---

1 天花板：原文为"天井"，日语意为"房间的室内天面"，有吊顶时指的是吊顶面，无吊顶时指的是上层楼板的底面，单层建筑无吊顶也指包含屋顶在内的整个顶棚结构，中文多译为"顶棚""天花板"等。本书强调室内外空间不同的角度，采用"天花板"的译法。——译者注

人的视线高度至少低了 30 厘米。坐地时垫上座垫，睡觉时铺上被褥。和椅子、睡床比较起来，这些辅具既方便搬动，也容易收纳，还具有良好的吸湿和隔热性能。这些扁平的生活用具决定了日本的居住空间，高脚式的建筑抬高了视线，因而坐在地板上也能俯视室外的庭院和自然景观。或许西欧建筑的室内空间由于被厚墙包围，人们视线只能朝向上方。在哥特式建筑中，室外的光线从空间顶部的花窗玻璃透射进来，形成了上升的意念效果，这也许与上述内容有所关联（图 3-1）。

　　日式住宅的门高通常为 190 厘米左右（5 尺 7 寸或 5 尺 8 寸），与其他国家的住宅门的尺度标准相比，日本的标准确实低。尤其是茶室建筑的小门，高度大概只有 66 厘米（2 尺）。这或许与茶室中朝下的姿势和视线等仪礼行为要求有关（图 3-2）。

　　正如《方丈记》《徒然草》中所描述的，对日本人来说，住房只是现世的临时居所，人们期望不造作、低调、融入自然的生活。高楼大厦着实没有必要。平安时代的住宅建筑，例如紫宸殿、清凉殿，室内虽然用了彩色的隔墙，但木结构部分都是白木，整体展示出朴素的形象。

　　茶室建筑、数寄屋建筑的天花板倾向于使用自然材料，像网代天花[1]、蒲席天花[2]的做法更是充满了天然的质感。近代的木格子天花板最多也就是在木纹、板材尺寸上做些讲究，大多使用不上色的原木。反观西欧，从砖石结构的教堂到文艺复兴时期的庄园，基本都是将天花做成高大的穹拱，还要加上壁画般的天花彩绘。清真寺（图 3-3）则是在半球形的穹顶表面贴装马赛克，以绚烂豪华的形象获得世人的赞誉（图 3-4）。

---

1 网代天花：日文为"網代天井"，用木片、竹片等自然材料编织而成，具有花样和纹理的天花板。
2 蒲席天花：原文为"がま天井"，用蒲草、藤等编织而成的天花板。

图 3-1 哥特式建筑的顶部采光

图 3-2　茶室建筑慈光院的入口

图 3-3 伊斯法罕清真寺

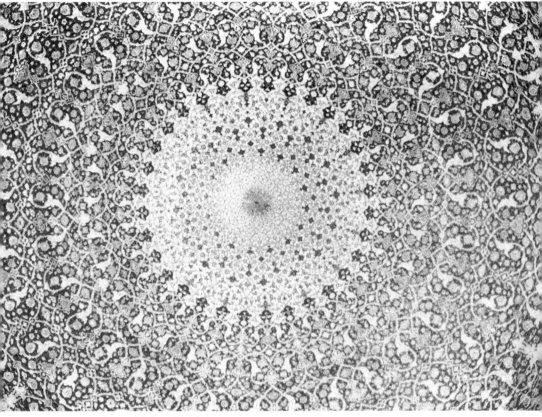

图 3-4　清真寺屋顶的马赛克

在日本，除了飞鸟、奈良时代的佛寺，安土桃山时代基于净土信仰的阿弥陀堂，以及平等院、二条城中的大空间等受中国的影响外，进入近代后，对于住宅天花板，人们根本看不到抬高高度或上彩的做法。

几年前在意大利，我游览了维琴察郊外一座山丘上的圆厅别墅（Villa Rotondo）。这座建筑由帕拉第奥设计，在别墅建筑中闻名遐迩。它的四面均是带有圆柱的门廊，每边由 6 根爱奥尼式柱支撑。人们无论从哪个角度向它走去，它都表现出一种雄伟的对称性和正面性（图 3-5）。后来我有机会参观另一座由帕拉第奥设计的位于威尼斯马尔孔滕塔区（Malcontenta）的弗斯卡利别墅（Villa Foscari）。那次是参加一个晚宴，这也使我能从容不迫地去体味这座别墅的情调。像圆厅别墅一样，它在前部台阶的端头有对称的门廊和一排爱奥尼式柱子。内部是带着十字形中央穹顶的空间，高大得令人惊叹，穹顶上的壁画更是美轮美奂。诚然这是留存历史的名建筑了，不过我却怀疑：如果是日本人，在这样的空间中能否获得心灵的安宁呢？因为日本人习惯于那种将视线导向下方的空间。要是作为宗教建筑还能理解，但在住宅别墅中，在如此空洞的空间里生活究竟是怎样的感受呢？在其中生活的人显得渺小而凄凉，想必无法获得安静闲适的感受，不只是我有这样的印象吧。像这样基台上高耸着带着柱头的列柱、左右对称的别墅，能否使日本人产生共鸣，我对此抱有疑问。

那时，我突然想起了兼好法师在《徒然草》中描述住居的内容：

> 虽然这个世界是一个暂时的住所，但一幢舒适的住宅有其可爱之处。当月光射入一个善良人平静生活的房子，顿时会增添祥和的光辉。不是现代的鲜明夺目的那种房子，而是一处雅致的居所，园子里的树木质朴古风、花草素雅风趣。木格子、有缝隙的绿植墙垣恰到好处，各种摆设也古朴安宁，心从所好……

图 3-5　圆厅别墅

建造房屋时应首先考虑夏天居住的舒适程度，冬季居住则可以放在次要位置。因为燥热的房子实在难以久待。这就如同水深处不觉凉，而浅水急流更觉冷。要在房间里看细小的东西，大的拉门要比小的格子窗扇更加明亮。若天花板高，则冬天寒冷、灯光暗淡。建造房屋应特别注重看似无用的地方，这样不仅更具观赏性，而且有多种用途，从而博得人们的交投合意。

兼好法师也认为"若天花板高了，则冬天寒冷、灯光暗淡"。关于传统日式建筑的天花板，建筑史学家太田博太郎还有如下描述："（日本传统建筑）房屋的檐口外挑大，而日常生活又在较低的地板水平面上进行，因此室内需要照亮的部分与西洋住宅明显不同。靠近地板的空间相对来说最明亮，往上随着高度上升越来越暗。室内的色彩运用也以此为准，绝对不会出现像西洋住宅那样，越是靠近天花板越采用明亮的色彩。"

原来，在日本的传统木构建筑中，居住空间的根源是地板，天花板低且暗，能够不觉察到天花板的存在是最佳状态。

在美国，天花板高度有时候是社会地位或阶层等级的象征。通常的办公建筑，大空间办公区的天花板高度大概为 2.7 米，而董事办公室则可能高 3 米以上。由于董事办公室多为小的单间，故与大空间的办公区相比，空间的开间和高度之比 D/H 非常小，通常接近宗教建筑的 D/H 比值。日本办公建筑中的空间净高从 2.4 米起，至高不过 2.7 米。并不是说天花板高度低了，就没有当董事或社长的真实感受，不过在美国，尽量加大空间的净高，可是作为建筑师的常识。

至于门的尺寸，传统日式房屋由于受到构件有效尺寸的限制而被定为 190 厘米左右，如此低的尺度在美国等其他国家则难以满足实用上的要求。戴着帽子的人估计大多数会碰头了，更关键的是空间整体看上去贫瘠无物，感觉十分廉价。美国的近代建筑都把门设计得非常高大，有些甚至延伸至天花板下端，做成与房间通高的形式。反观日本，就连新干线的车门这类公共设施的门都设计得很矮，实际上我们不时可以看到外国人上车时碰头的场面。可见，在天花板高度和门的尺度上，日本传统仍占据主导地位。

在此，对于我们所居住的"地板建筑"体系的房子，我想当下很有必要对其墙体、天花板所具备的含义再次进行思考。对于有着木造建筑传统的国家与石造建筑传统的国家，其不同的建筑空间思维竟也就能够被理解了。

2. 阴翳礼赞[1]——阴与阳

很早以前，我就开始关注格式塔心理学中的"图""底"关系，对在埃德加·鲁宾的《圣杯图》中所看到的"图"与"底"的逆转思维深感兴趣，并将这一理论尝试着应用到各种建筑和城市空间中。有一次在中国讲学提出上述观点后，此观点颇受中国学者的关注。我想这是由于它与中国自古以来的阴阳学说一脉相通的缘故吧。

中国的阴阳理论认为，阳盛则阴衰，阴盛则阳衰，万物本源皆在于"气"，"气"既可为阴，也可成阳，彼此交替转化。这是笛卡尔二元论无法解释的东方神秘哲学。

我曾多次游历分布在爱琴海上的希腊群岛、意大利、西班牙等南欧地区。在西班牙，"明暗"是常挂在嘴边的用词。存在于地表上的所有物体都可用明暗来加以区别，干燥的空气和强烈的日晒几乎到了没有中间色调、非白即黑的程度。依据马塞尔·布劳耶的观点，西班牙斗牛场中的观众席或在阴影中或在强烈的阳光下（图 3-6），光亮和阴暗相互交错产生对比，如同古希腊雕塑的凹凸对比般鲜明。要达到这样的效果，前提必须要有强烈的日晒和干燥的空气。我想爱琴海沿岸壮丽的风土和阳光充足的气候条件一定对西方的二元论发展起了相当大的促进作用，在黑与白、善与恶、阳光与阴影之间差别分明。

不过，在美国和欧洲已经出现了对这一理论的重新审视。也许是与越南战争以来西欧文明所感受到的停滞感有关。《道自然学》的作者 F. 卡普拉就有以下论述："现在的文化危机看起来应该是价值观中的阴阳——

---

1 阴翳礼赞：日文原题《陰翳礼讃》，"陰"与"翳"同义，均指没有被光照到的阴暗部。1933年日本作家谷崎润一郎写下了著名的长篇随笔文《陰翳礼讃》，论述了过去没有电灯的时代，日本人那种自然与生活高度融合的、美的艺术感性，令该词成为普遍使用的词条。

图 3-6　斗牛场的光与影

女性要素与男性要素——缺乏平衡所致。我们的文化（这里指的是欧洲和北美）通常偏爱'阳'的价值，这是文化不健康的根本所在。强壮一直比弱小评价要高得多；运动高于静止；理性思维高于直觉智慧；科学高于宗教、竞争高于和谐等。这种片面的发展，如今已到了堪忧的阶段，使西方人面临一个危险的社会、环境、种族和精神状态。然而与此同时，也已经出现了令人注目的新动向。正如古代中国所说的'阳极成阴'……（节略）……这些要素综合起来，打破了过往对理性的、男性的志向和价值观的崇信，企图重新回归人类的男、女两性思维平衡。"

　　这里，我想回到前文提及的建筑"形式"与"内容"的问题上，对卡普拉的言论加以分析。欧洲、美国在文化上的困惑，其问题症结正在于此，这是对运动的、理性的、科学的和竞争的因素给了太多重视的结果。换句话说，如同希腊的灼热阳光一样，"阳"性要素太强了。在其中，既没有东方思想中的"阴"的要素的存在，更没有作为中间领域的灰色调部分。这里所说的阳性要素，是通过建筑外表展示出的"形式"来体现的，而阴性要素则依靠隐藏在建筑背后的内容来展示。20世纪的西欧哲学开始不同程度地关注东方思想，对传统二元论提出质疑，这点从卡普拉的话语中也能体会到。

　　日本的传统建筑，屋顶大而且檐口出挑深，其下是不受阳光直晒的阴凉部分。谷崎润一郎曾写道："我们的先祖，只能住在昏暗的房间中而别无选择，曾几何时在阴影下发现了美，最终达到了利用阴影成就美的目的。实际上，日本居住空间的美建立在光亮和黑暗的浓淡效果之上。当西方人看到日本座敷[1]时，无不惊讶于其简朴程度，似乎除灰色的墙壁之外再无其他装饰，这恰是由于他们仅看到了最表层，并没有领会阴影的奥秘所在。"

---

1 座敷：铺着榻榻米的日式房间。

确实，日本的传统文化具有明暗、阴阳的不同侧面，比如从烛台、灯笼的昏暗中能够获得乐趣，不过由于近年经济的高度增长、科学技术的迅猛发展，令我们忘掉了原本与人类相伴的阴与暗。当古希腊的雕塑、带着装饰柱头的柱子在强烈的日照下时，日本的佛教雕像却都被置于昏暗的室内；沿用和式、唐式、天竺式等不同手法塑造的屋顶支撑肘木，与古希腊柱处境截然不同，也都被安放在檐下的阴性空间中，奋力支撑起房子的荷载，它们只是静静地肩负着建筑"内容"。

随着工业社会的高度发达，城市人口急剧集中，城市环境逐渐远离自然、孤燥乏味。人类的能量形成涡卷，物质层面上看似衣食充足，但在精神层面上却严重缺失。尤其是人与人之间的交流、人与自然之间的交流，在目前这样的城市环境下愈发困难了。正是基于这样的现状，谷崎润一郎所写的《阴翳礼赞》再次引发了人们的关注。确实，在今天，我们对于祖先所抱有的、对"阴"的部分的关注实在太少了。过去我们不但深化了具备物性的"阳"的存在意义，还意识到没有物性的"阴"也具有同样的意义。比如龙安寺的枯山水庭园，大小 15 块石头被散置在白砂中。若从西欧二元论角度来看，人们可以很快地看到石头与周围白沙之间的区别，但却很难注意到它们两者之间的关系。然而一旦认识到了由白沙单独占据部分也是一种隐藏的存在，这一枯山水庭园就被赋予了全新的意义。比如将整体看作一个巨大的石盘，只看到 15 个突出的部分从白砂上冒出，如果这样理解的话，则我们必须承认：那些没有被石头占据的空间也隐藏着存的可能性。石头呈现出的组群轮廓线仅是一种偶然的景象，某时某刻或许由于发生某种地壳变动而可能引发改变。这些自然的石头即使散落在庭园中，其背后却有俗传的"虎子渡河"[1] 般

---

1 虎子渡河：语出中国元朝周密所写《癸辛杂识》中的故事《虎引彪渡水》。日本京都的龙安寺石庭中的石头布局据传暗示了该典故，吸引了诸多研究者。

的某种连续性和整体感（图 3-7）。这和以帕特农神庙为起点，经由文艺复兴发展起来的西欧建筑的阐明性、对称性、完结性完全相反，在看不见的地方存在某种隐约可见的东西，这与"隐藏的秩序"的发现、《阴翳礼赞》相关。

在从阳到阴、从明到暗的转化过程中，可以说体现的是从"男性原理"趋向"女性原理"的过程。在城市和建筑中，我认为，为了生存，需要实现从形式到内容、从整体到局部的变化。对此河合隼雄是这样说的："直接地说，他们（西方）对东方的强烈意向就是从男性原理趋向女性原理的，在男性原理中时间表现为直线，而女性原理中的时间则是圆环形的。男性原理通过切割功能将整体加以分割，并还原成局部；与此相对，女性原理则是通过包裹功能，将一切当作一个整体进行包裹。在男性原理中，将被细分后的局部事象置于直线的时间轴上，关键是找出其中赋予因果关系的法则。而女性原理则重点读取共时性的整体布局。在牛顿和笛卡尔的世界观中，男性原理被极端地推崇，明确区分主体和客体、物质与精神等，通过研究这些被明确区分后的事物诞生了自然科学。与此相对，东方的知识则是回避对这些要素的明确区分，更偏重从总体上对事物进行把握。"

上述言论或许是为了提出心理学问题，实际上也同时指出了建筑和城市的发展思维。正如第二章中所述，如果以比较巴黎和东京的城市问题为论点，河合隼雄恰好命中题眼。可以说巴黎是基于"男性原理"的城市，而东京是基于"女性原理"的城市。巴黎在城市建设上具备先见之明，通过切割功能对整体进行分割规划，而东京则是利用包裹手法将所有内容进行打包。虽然巴黎也确实做到了遵循因果关系的法则，并最终发展成非常美丽的城市，不过在朝向 21 世纪的时间轴上，却并没有留下多少发展空间。而东京则时常针对某个时间点对整体布局进行把握，

图 3-7　龙安寺的石庭

维持着变形虫般的生存可能性。"可能的话，希望当下能对这一变形虫予以些许关注。"我无法掩饰这一发自内心的请求。

巴黎的石板街道是那么的美丽，却是静止的无机体，是一座已经成为历史的城市。

而东京的街道杂乱不美观，但却具备强大的生命力，是一座有机体的城市。变形虫城市究竟如何运转？《阴翳礼赞》对于建筑和城市具有何等意义？即便历经了战火和破坏之后，这座重生的变形虫城市一定是正期望着被赋予更美好的表情。

3. 变装的睡城

　　日本的住宅，除了古坟时代（250—592）的穴居，基本都采用高脚式的住宅形式。这显然和前文提到过的日本高温多湿的气候有关，其目的在于隔绝来自地表的湿气。

　　中国的传统住宅以木结构为主流。但在干燥地区，也有以土坯为主要材料的。将泥土塑形、晒干制成砖，之后用这些砖在地上盖房；还有的地方则是向地下挖洞，形成下沉式窑洞民居（图 3-8）。即使是地上住宅没有铺地的房间，地面也都经过夯实，非常干燥。在这样的住房中，架在四条腿上的台面搭上蚊帐就成了睡床。晚上钻进里面，就像是进入可以独处的单间卧室。中国也像西欧那样，住房中包含卧室在内的各个部分都可以展示给来客看，或许是由于这种地面不加装饰、大伙都穿鞋进屋的原因。对于中国的素土地面或西欧的地板，大家都很难把脱下的衣服或贵重东西直接放在上面。反观日本这种脱鞋的住房结构，地板并不一定属于脏的地方，因而脱下的衣服可以随意放，人们还可以随地躺下。如果房间的收纳空间不够，房间地板上就免不了放这放那。对地板的清洁感要远高于穿鞋的地方，这也让日本的住宅整体看上去像一张大睡床。历史学家木村尚三郎说："相比欧美人在家里家外都是同一标准地穿着鞋子生活，我们日本人则是进屋先脱鞋，然后放松地生活，这大概等同于欧美人在卧室中的状态。在架高了地板的日本传统住宅中，榻榻米上的生活实质上和睡床上的生活是一样的。"日本人在西欧生活一段时间后，再看日本的住房感觉就像是西欧住宅中的卧室空间，于是家中的生活风景看上去也就像睡床上的景象了。虽说这是个类比，但假设日本每户住户都在一张大睡床上生活起居，那将会形成一种很不可思议的城市结构。况且这一类比在今天也有其合理之处。

图 3-8　中国山西省平陆县的窑洞住宅

　　首先，在东京这样的大城市中，远程通勤非常普遍，在郊外形成了常说的"睡城"。"睡城"顾名思义，就是用于睡觉的区域。由于住得分散，去亲戚、朋友或同事家做客、一家人欢聚一堂，在时间上、距离上都相当困难。当家的主人也是除休息日之外都不在家，时间几乎都消耗在上班的地方了。有统计显示东京多数人在休息天只是待在家中睡懒觉、看电视。如果大家都是这样生活的话，那么将难以实现建筑学所提倡的社区创造。夫妻日常生活在箱型的卧室中，因为远程通勤每天回家很晚，简单聊几句、放松一下就该睡觉了。像西欧社会中把亲友邀请到家里做客的家庭日常行为，在日本只有运气极好的人才能做到。这么想来，虽说日本名列世界经济大国，但单凭生活在卧室住宅中这一点，也难以获得"大国之民"的实际感受。家里或许也摆满了电视机、影碟机、冰箱等家电，但人们也很难过上丰富的文化生活。最直接的证据就是：西欧住宅的书房、客厅中多陈设绘画、雕塑等艺术品，而日本的住宅中却很少见这类陈设，空间都被家电占了，即使想摆也没有空间。在日本的传统住宅中，和室的壁龛可以装点四季应景的挂轴和鲜花。而如今伴随着急剧的城市化浪潮，这些物品消失殆尽。对于日本这个国家来说，或许已经跻身经济大国的行列，然而从个人的生活空间来看，现实依然非常贫瘠，在文化艺术方面相当欠缺。

　　在"卧室"住宅的前提下，其他国家在客厅等地发生的人与人之间的沟通行为，在日本则需要在室外闹市进行。日本的商业街获得了世界上少见的繁盛发展，可以说这是必然结果。因为有这一背景原因，若其他国家的人们感叹日本商业街的活力与繁华，我想这恐怕是没有看到事物的本质。对于日本人的生活，必须把郊外的卧室住宅和市中心的商业街放在一起同时考察，才能作出正确、客观的判断。

　　作为解消贸易摩擦的一种手段，我想应该更加积极地把日本人的居住空间向外国人展示。对于日本位列世界经济大国这件事，我们总是难以感同身受，其原因就在于居住在睡城中。应当把这一点向世人说明。

不过，最近睡城里也出现了变革之兆。日本传统的木结构住宅发生的变化，难得与高温多湿的气候完美匹配，给小庭院洒水，利用小虫篮、竹隔帘等道具丰富生活，当熬过酷暑，美丽的秋天就到来了。从这个角度看，生活充满情趣。但这种住宅在火灾、防盗方面却是弱不禁风的，家中无人看家，不方便外出。出去两三个小时，主妇们就开始担心了。过去，日本的木结构住宅将女性束缚在家中，形成了传统上的淳朴民风。对此，日本女性也即将到达承受的极限了。受木结构睡城的束缚，在家中当一辈子守门人着实无趣。与此同时，男女平等的呼声越来越高，仔细想来男女地位的问题和城市、住宅问题实际上是表里的关系。要实现真正的男女平等，就必须解决远程通勤、睡城等问题，必须完善住宅的安全防护设施。日本的城市虽然已经朝向这一方向发展，但目前享受到改变成果的其实还只是极少数的女性，还有大量与其无缘的女性。我想，接下来要解决的问题还应包括如何消除女性之间的待遇差别。

城市人口昼夜剧变、睡城等，针对这些难题究竟有没有切实的解决方法？简单地说，答案就是进行城市中心区域的更新，大规模建设高层住宅，完善安防措施，使大家免受外出担忧的心理束缚。但是，回家脱鞋的生活文化已经在人们的意识中高度固化，人们对《徒然草》和《方丈记》中描写的简朴生活哲学、富于自然气息的庭院独户住宅实在难以释怀。要是这样的话，我想唯一的对策就是减少人口向东京等大城市集中，分散到地方城市，在那里获取建房的土地。为此，各地需要培植地方的传统文化，稳定人口规模。可以说，上述方法正是决定日本未来的关键之一。发掘地方城市的魅力个性正是解决 21 世纪城市问题的关键。

4. 半公共的内部空间与半私密的外部空间

　　西欧的砖石结构建筑，通过石墙明确区分住房的内外关系。而在日本的木结构建筑中，墙的存在并不重要。房子内部与外部连通，空间具有渗透性和流动性，这导致了湿缘或侧缘[1]的形成。从室外看它是房屋的一部分，从室内看它又是半室外的过渡空间，使生活空间更富有层次感。在这样的半开放空间中，可以静观庭院或自然景色，可以与左邻右舍说说笑笑，还可以小憩。

　　近年，在纽约等美国的大城市中，这种既不属于内部空间，也不属于外部空间的半室外空间急速增加。这种现象始于被称为"中庭之父"的约翰·波特曼设计的凯悦酒店（图3-9）、福特财团总部等建筑，他在首层大堂中植树，将其作为半室外的空间。在日本，也出现了大阪大同生命大厦在入口大堂植树的类似设计。凯悦酒店在室内营造了巨大的共享中庭空间，各层通往客房的走廊都面向这一中庭。在中庭底部的大堂引入树木和其他自然景观，就像城市中的绿洲一般。显然这种共享中庭的结构形式，需要通过高度的建筑技术来构建火灾时的紧急避难计划等。另外还需要开发利于树木在室内生长的特殊光环境。不过，本节重点探讨的问题是：为何人们开始追求这种半公共的内部空间呢？

　　对于这样的空间，我想单从稀缺性这一点便足以让美国人喜欢，而实际还有不满足于内部和外部的建筑空间二元结构的因素，在大城市中，有必要营造出像日本湿缘或侧缘之类的中间领域的暧昧空间。从空间论

---

1 湿缘或侧缘：设置在房子外侧的外挑台通廊式区域，是室内和室外的过渡空间。当侧缘外侧有雨窗时称为"侧缘"，相当于内廊；当侧缘位于雨窗之外时，下雨时地板被雨淋湿，相当于外廊形式，称为"湿缘"。

图 3-9　建成于 1967 年的凯悦酒店

的角度考察最近建造的纽约奥林匹克大厦（图 3-10、图 3-11）、特朗普大厦（图 3-12、图 3-13）等会有新的发现。正如本章第 2 节所提到的，在思想层面存在着由男性原理向女性原理转变，阳的原理向阴的原理移行，西方二元论向东方神秘主义哲学转变等趋势。

　　巴黎的咖啡厅大多通过向马路外扩形成半室外空间。在气候宜人的时节，咖啡厅的挑台成为人们休憩和欢聚的场所（图 3-14）。在这样的空间中，即便是彼此陌生的游客，也能感受到巴黎的亲和。登上蒙马特的山丘，可以看到在室外画画或售卖画作的人们，半室外工作室的氛围被营造出来（图 3-15）。日本的传统木结构建筑，尽管有湿缘或通廊之类的中间领域，但在近代城市中几乎没有类似巴黎咖啡厅或纽约共享中庭的半室外空间。餐厅越高级，位置越靠里，料亭[1] 则都是包间，很少会和其他客人共席。城市当然也需要这种隐蔽的部分，不过，重视消费者感受的餐厅等场所更多地向半室外方向扩展，也未尝不是一件好事。

　　像横滨的伊势佐木町购物街、车站前的阁廊这类步行者专用的购物街，虽说已遍布日本各地方城市，为了在激烈的商圈竞争中生存下去，还得更下功夫才行，否则消费者将被大规模综合商业体夺走。大规模商业设施的一层大堂和共享空间，通过导入水、光、可动雕塑等增添空间活力，这些都是内部空间半室外化的效果，而购物街和拱廊则是室外空间半室内化形成的步行者专用空间。从空间的本质上看，两者的出发点不同。增强活力的关键是赋予空间明确的个性，例如像浅草的仲见世街道在端部——浅草寺，形成端部目的型空间；米兰 Galleria 商业街的两端是米兰大教堂和歌剧院，形成两端目的型空间结构等。以此为基础，拓宽街道的端部或在中央部建造广场，在中心位置布置雕塑、时钟、大树

---

1 料亭：是一种日本的价格昂贵、地点隐秘的餐厅。

图 3-10 纽约奥林匹克大厦

图 3-11　纽约奥林匹克大厦内景

图 3-12 特朗普大厦入口

图 3-13　特朗普大厦内景

图 3-14　半室外的巴黎咖啡厅

图 3-15 蒙马特半室外的工作室

等富于魅力的环境要素。对于这类由外部空间发展成的半室外空间，为了强化其与周边空间的整体性，一定要在地面铺装上下功夫。不仅是商店，餐厅、咖啡厅这类逗留时间较长的空间都应具备通透性，融入街区风景。同时，还应意识到相比大型商业体，这类拱廊、商业街存在难以适应新时代变化的短板，不同类别店铺的经营状况取决于店主过去的业绩。对于购物目的明确的消费者来说，优先考虑顺应时代发展的大型商业体。因此，商业街应刺激没有明确目的的冲动购物行为，比如书籍、有趣的杂货、有品位的餐厅等，以具有通透性的空间融入街区。到了地方城市，最冷清的场景莫过于一到打烊时间沿街商店全都拉下卷闸门、灯火熄灭。面向 21 世纪，要盘活商业街，关键在于做到像西欧各国那样店铺关门后也不落卷闸门（图 3-16），能够橱窗购物（window shopping）。否则随着大型商业体以室内空间为基础，追求空间室外化，形成室内外空间一体化，加之商业策划，恐怕那些缺乏竞争力的拱廊、商业街就会遭到排斥，逐渐地失去立足之地。

图 3-16　东京青山的橱窗购物街道

5. 21 世纪的木造城市

　　明治时代之后日本建筑受到西欧建筑的强烈影响，进入现代建筑时期，在此之前是木结构建筑的历史。建筑材料以杉木或柏木为主，两者都兼备易加工和强度高的特点，同时也都具有高度的建材美感。古来唯一以神明造形式建造的伊势神宫采用扁柏的白木，自奈良时代起就实行每20年进行交替翻盖的制度，所以在今天依然展现出当时木结构建筑明快的设计效果。在飞鸟和奈良时代，由于受到六朝、隋、唐建筑风格的强烈影响，日本留下了不少上彩的佛教建筑，现存法隆寺、药师寺、东大寺、唐招提寺等，不胜枚举。平安时代，木结构建筑的主要形式为寝殿造，留下了众多神社建筑。镰仓、室町时代再次受到中国的影响，建造了大唐样式的佛寺。进入安土桃山和江户时代后，修建了大量城郭建筑，乍看像白色的石造建筑，其实以木构为主体。事实上日本既有独创的华丽灵庙、书院造形式等木结构建筑，也有平淡质朴的茶室建筑。之后，出现了可以称得上是日本木结构建筑精髓的数寄屋式建筑，以桂离宫和修学院离宫为代表，最终在明治和大正时代发展成为日式木结构住宅。

　　进入明治时代，一方面迅速受到西欧的影响，以明治元年（1868）沃特鲁斯来到日本为开端，出现了众多活跃在日本的外国雇佣建筑师。砖石结构、混凝土和钢结构等结构形式逐渐被应用于公共建筑，住宅则以传统的木结构为主。大正末期发生了关东大地震，引发了日本在建筑形式上的巨大变革，开始普及抗震、耐火建筑，相比居住的舒适性、文化性，更加推崇实用性和耐久性，可以说在那个时期，建筑在艺术性方面的追求出现了一定的倒退。第二次世界大战彻底改变了日本的城市和建筑形式，城市导入了大量钢筋混凝土不燃建筑、坚固的高速道路系统等，"二战"前仅有同润会住宅楼等为数不多的钢筋混凝土住宅，"二战"后则四处林立，既有福利性质的住宅楼，也有高层公寓。同时，以东京为首的大城市郊外由于地价暴涨，在被细分后的零碎用地上密集地建起了木结构装配式住宅，在狭小的起居室、厨房、卧室中，在木结构表面贴上了地板、墙板和天花板等工业产品。即便是踏走在工业产品的地板上，进屋脱鞋的习惯也依然保留至今。

在这里，我还想针对最适合日本气候风土的木结构建筑的优点和缺点再次进行分析。原因之一是木材资源供给源的山林出现了荒废的现象，国有林的未来发展尤其令人担忧。造林事业绝不能目光短浅，必须立下百年大计才能为子孙后代留下美丽的山林。另一个原因是木结构住宅的减少，造成木材需求的减少和建筑工匠等专业技术工人的减少。最终造成了木结构建筑的发展停滞。如果在我们的时代丢失了从建造伊势神宫以来传承至今的木结构建筑技术，那将会是无法挽回的重大损失。

在今天的城市中，通常认为木构不适用于建造高层和不燃建筑。即使作为室内装修材料，也因其可燃性而必须经过难燃处理后才能被使用。由此，木材逐渐远离今天的城市。在公共空间中，就连直接与皮肤接触的桌子、椅子、书架等家具，都被铁制的其他工业产品取代。

对于公共性质的高层建筑，或许木结构确实不太适合，但对于独户住宅、周末度假用的别墅、山间小居等却再适合不过了。首先，木结构建筑易于扩建或改建。木材可以舒缓心情，怡人的木香能够带来内心的安宁与平和。木材的质感和纹理之美实在难以言表。不但适合周日 DIY、搭吊架、或切或削，还能自由地钉钉子，而且木制品使用年份越久，木纹越是呈现出美丽的光泽来。

"二战"后不久，几乎是在同一时期，我和友人都建造了自家的住宅。当时他家采用现代的钢筋混凝土结构。那时的铁质窗、门框需要不时地上漆防锈，即便如此，没过多久就破旧得不成样子了。而且，屋顶防水的耐久期只有 10 年，过了期限屋顶就开始漏水了，也无法随着子女成长对住宅进行扩改建，30 年后这栋现代住宅快变成废墟了。相比之下，我家的木结构平房，虽然简陋，经过这 30 年来十余次的改造，如今还发挥着相应的功能，屋顶改成了 45°坡顶，下面还增设了阁楼（图 3-17）。在日本社会激烈的变化中，似乎木结构住宅从各个方面考虑都是方便的。通过观察地震时房子的摇晃，可以发现梁、柱的接点都能以适当的运动加以应对。不但相当抗震，而且可以充分应对家庭结构、社会要求的变化，大型家电、冷暖气设备的增设等非常方便。不过必须高度注意火灾，一不小心可能就化为灰烬了。木材的可燃性，从另一个角度理解也可以说是优点，关于这一点将在后文展开叙述。

从第二章第 3 节中论述的加法和减法的形态上判断，可以说木结构是典型的加法构法。基础、柱、梁、屋架等各部分逐次以加法形式添加，最终形成一个稳定的形态。在此基础上通过对构件的更换、搭接，可以实现不断的扩展。当树木扎根大地时，通过与地面交接的固定端剪力得以独立。当砍伐后作为柱子立起时，只能采用"挖坑立柱"的方式，将底部深埋入地下，除此之外再没办法可以让一根柱子独自立起。至少需要通过横梁与其他柱子结合形成鸟居型的门框架构。垂直构件和水平构件通过这样的架构方式不断增加，形成一个"亚整体"[1]。从这一点看，木结构无疑是最为适合日本风土的结构形式。当基础或柱子等局部出现腐蚀时，只需对必要的部分予以更换，这在砖石结构或钢筋混凝土这些一体化结构形式中是无法实现的。它能够快速地适应社会要求的变化。也就是说：木造建筑遵从不断变化的原理，对变形虫城市的形成也起到积极作用。

同时，由于兼备可燃性和腐蚀性，可以在适当的时期进行更换。若

---

1 亚整体：构成整体的一个组成部分。既是一个组合后的单元，又次于整体，因而称其为"亚整体"。

图 3-17　阁楼里的小书房

拆除砖石结构、钢筋混凝土结构的建筑，就只剩下瓦砾了，而木结构却可以重新作为零部件材料加以利用，要处理的话，只需一烧了事。而工业垃圾、机动车、电视机、冰箱等一体化结构物，处理时便成了累赘。具备简单的处理方式是木结构重要的特征。

　　我去过一个地方，据说是在时间距离上离东京最远的城市之一。入住市中心的酒店后，当我在塑料制的小浴室中洗澡时忽然想：我这是在东京的乡下，还是北海道，又或是九州，不会是韩国吧！这样的浴室，让我无法判断自己究竟身在何处。为何不把木曾山出产的柏木板贴到墙上，取代这平板的塑料墙面呢？这让我又想起家里刚改造过的浴室，卸下旧的面砖，重新贴上了柏木板（图 3-18）。我想这座城市最好全都改成木造的，像瑞士或奥地利蒂罗尔郊外的山间小木屋那样，用木砖铺地，把难看的塑料招牌都换成江户时代的木制招牌。然后透过行道树的间隙远眺飞骕（tuó）山脉、木曾山脉、赤山山脉。市政厅采用大型的床架式结构[1]，消防署搭起木制的火灾监视塔。在市政厅的旁边设置木构的工艺品中心，让全世界的年轻人都齐聚一堂，在这里制造各种木雕、木制日用品、木制家具等，小提琴这类乐器也是木制的。或许还可以给这里冠以"木之街"的称号。眼下日本地方城市的个性正在逐渐消退，都成了二流的东京了，不得不说这非常遗憾。即便如此，日本仍有不少木造建筑的街市，比如木曾的妻笼、京都的三年坂、金泽的东郭等。期待 21 世纪出现新的木造街市。

---

1 床架式结构：日文为"校仓造り"，用三角截面的横材作"井"字形叠建的建筑构法。

图 3-18　自家贴木墙板的浴室

第四章

结语

　　三十多年前，我有幸初次留学海外，其后也很幸运，有机会前后数十次游历世界各地。逐渐地，我开始意识到居住在不同地方的人们对建筑、城市的理解也因各地风土的不同而不同。我想正因为如此，才让不同地域的建筑、城市具备了独特性格，也让旅行变得乐趣无穷。和西欧相比，日本人的居住形态非常独特，令我甚至怀疑两者简直就是处于两个极端。

　　首先，应关注各地的温湿度关系。以纵轴表示温度、横轴表示湿度，利用温湿度气象图可以明确表示某个地区的年度温湿度变化。在夏季，随着气温上升湿度也相应增加，在冬天，当气温下降时湿度也随着减少，形成"高温多湿、低温干燥"的气候类型；而当在冬天，随着气温下降湿度反而增加，在夏季，随着气温上升湿度反而减少，则形成"低温多湿、高温干燥"的气候类型。世界上的地区气候大致可以分为以上两类。日本的气候基本上属于前者，而南欧的气候则属于后者。其风土建筑也分别以木结构、砖石结构为代表。在高温多湿的夏天，木结构最为合适。除了屋顶的支柱，其他部分都可以向室外敞开，获得充分的通风。采用这一结构，地板和屋顶是住宅的主要组成部分，而墙就比较次要了。其特点是室内外空间具有连续性。在这种气候的地方，树木在生长期能获得充足的水分，大量产出适于用作建筑材料的高品质木材。而到了南欧或中东地区的沙漠地带，马上就能感受到差异。由于夏天缺雨干燥，无法栽种出可作为建筑用材的树木，自然环境中缺少绿色。反过来对于砖石结构，占支配地位的要素莫过于承重墙了，既厚且重，而且具有巨大的热容量，将房子与外界的高温干燥、低温多湿气候相隔绝。比如在西班牙南部，夏季气温极高，而湿度却非常低。开窗或扇风等通风方式反而会把热气引到房间内，通过这种与日本夏天截然不同的体验，我们便能够理解高温干燥的气候了。因而那些地方有洞穴住宅。开凿岩山的坡面后，在内部造成石结构建筑，走进室内便能感受到丝丝凉意，干爽舒适，让人忘记室外的酷暑。可这种洞穴住宅若是造在日本，本来多湿的环境下更加大了相对湿度，那种饱受霉湿之苦的环境实在无法居住。据说目前世界上居住在生土窑洞中的人口高达 4 亿人。窑洞住宅的分布地区，基本对应了温湿度气象图上呈现左侧上升右侧下降曲线的气候环境。

那么对于木结构的住宅，在冬天又是如何生活的呢？在温湿度图上呈现出近乎水平线的南太平洋等地区，那里冬夏不分，终年恒温。而在日本，除了多雪地区，其他地方冬天基本上气候干燥，呈现出低温干燥的气候特征。生活在墙体少、热容量小的木结构住宅中，有什么好方法应对寒冬呢？总体上入冬后就是尽量做到热食厚衣。可以喝温酒、吃火锅由内而外地取暖。可以泡在热气腾腾的浴池中由外而内地温暖身体，睡觉时则紧裹在厚厚的被窝里以免热量流失等。人们在生活中，采用的不外乎是从体内、体外吸热，并尽量防止热量流失的方式，从没考虑过对住宅整体进行保温。住宅保暖等同于大自然的保暖。而石结构建筑由于热容量大，当墙体受热后房间整体也就暖和起来了。像现在这样，冬天满屋子开着暖气，人在其中喝着冰镇啤酒或兑水威士忌之类的奢侈创意，绝对不会是出自住在木结构住宅里的人。

可见，气候风土与我们的居住方式密切相关，且影响深刻。即便在今天，居住方式依然存在着相当程度的风土性。不过随着建筑机械化的不断进步，日本近年的住宅中已经越来越少采用日式木墙板了，即使采用了木结构，也大多建成西欧风格的小窗大墙式。在夏季，面对高温多湿的气候，取代了原先兼好法师提倡的南北通风的方式，以开冷气为前提，采用开小窗的形式来减少热量损失。冬天也是以开暖气为前提，使用隔热材料达到房间整体保暖的效果。日本近年建造的住宅，虽然一眼看上去好似巴黎或纽约的住宅，但几乎可以肯定的是依然保持着进屋脱鞋的生活习惯。在我们的身体意识中，家里的内部秩序在空间秩序上属于高于室外的上位秩序，室内地板不同于室外穿鞋走路的地方，是属于清洁的场所，这种意识在不知不觉中发挥着作用。如果消除了这种潜在意识，在我们的思维方式、日常生活中起着支配作用的"坐地文化"也就无法成立了。脱鞋文化正是形成日本人在行动、思维方式上独特之处的源点，最终结果是形成了上述日本独特的街道和城市景观。

世界各地的气候风土不尽相同，建筑、城市的形态也各不相同。我们必须沿用适合日本风土和国民性的方法来构筑建筑和城市。但这么说并不意味着现在日本的建筑、街道、城市只要维持现状就可以了。这里所讲述的，和我之前在拙著《街道的美学》《续·街道的美学》中所展开的论调并不矛盾，而是在其延长线上的内容。不过正如前面所提到的，日本在营造城市景观上也有很多难点。同时，一个国家的城市景观由生活其中的人们在历史发展中积累而成，其营造方式建立在风土与人的关系上。由于这些历史性要素，要让东京短时间内改造成巴黎也是不可能的事情。于是，我萌生了一个想法：就是在对东京基本肯定的基础上，通过仔细研读街道的文脉，针对与新时代要求不相符的地方进行整改，将其中好的地方予以保留，从而发现存在其后的"隐藏的秩序"。

按照上述想法，下面我想讲一些适用于日本人的解决方法。

首先提到的是从"局部"出发的思维。通过整治局部来提升魅力。再将这些"局部"整合起来，创造出别具特色的环境。前面也提到了，日本人对于从"整体"出发的思维方式不太擅长，要在当下激烈的社会变革、在信息文化时代得以生存，既要有从局部出发的思维，还须具备富于流动性、融通性与长期性的柔软结构。通过整治局部，巧妙配置雕塑、喷水、室外休息椅、照明塔、大钟、标识、地图、树木、花坛等，同时对铺地、步道缘石加以精心设计，美化地面。在此基础上，在这局部地区举办活动增添地域活力。各局部地区都具备个性，市民可以根据不同目的进行选择。既然大家都已经意识到未来将是个性化的创意时代，城市生活的魅力便在于每时每刻都能根据目的和兴趣有所选择。

在当今世界经济处于僵硬化和均衡化的时代中，像巴西利亚和昌迪加尔那样从整体出发的规划思维已经行不通了。难说日本就不会出现类似中国万里长城的雄伟规划。就拿青函海底隧道、东京湾跨海道路、四国联络大桥等项目来说，无论哪一个都是以局部而非整体为出发点。之所以这么说是因为尽管青函海底隧道已经开通了，其具体的用途却仍未确定，实在是不可思议的规划。从整体的角度来看，如不将其派上用场终将引发日本交通系统的"动脉硬化"。然而从局部的角度来看，是否使用并不影响地区的运转。索特萨斯、门迪尼等以前卫的家具作品而闻名的意大利阿基米亚工作室[1]，以及其后出现的家具设计等，都是局部的集合，而非整体性结构，具有瞬间的、个人的、破碎的特征。在这类后现代主义的领域，众多年轻日本人活跃在世界的舞台上。可以说这是由于他们都以局部为出发点，顺应未来时代的发展趋势。

其次，探讨一下城市中延长利用时间的问题。与日出而作、日落而息的农耕时代不同，今天的城市人口处于不分昼夜的连续运作中。显然，城市景观也必须包含营造美丽夜景的规划。最先整治的是街灯。比如高速道路上的照明灯柱，若等间隔地倒映在水面上，便能展现出过去无法想象的现代城市魅力。对于地方车站前商业街廉价的铃兰灯、彩色灯泡等，现在有必要进行艺术性和文化性的提高。另外，商业街上的店铺，在打烊后或假日里，不能简单地落下卷闸门，是时候努力提高闭店后街道的魅力了。住宅外砌起混凝土砌块的围墙，上面再拉上铁丝网的做法，体现了日本人"只顾自己"的精神结构，这种思维也导致了商家打烊后就拉下卷闸的结果。今后是橱窗购物的时代，不仅要考虑自身的内部空间秩序，也应顾及街道整体的外部秩序，显然已经到了以"近邻协同体"

---

1 阿基米亚工作室：成立于20世纪60年代，为意大利著名的激进设计组织之一，其主要成员包括亚历山德里·门迪尼、埃托·索特萨斯等。

的视角来思考问题的时候了。在建筑设计上也一样，不但要考虑白天的景观，还应当充分考虑如何营造美丽的夜景。像在欧洲城市中常见的那样，给纪念性的建筑物、桥梁等加上夜景照明，这些都是今后必须考虑的内容。城市中心街道上的霓虹灯、夜景照明，在很多场合都能够展现城市活力。同时，也不会因此而影响白天的景观。

　　另外，城市的另一个不可或缺的要素是滨水空间（water front）。那些知名的欧洲城市几乎无一不是有河流在城市中流淌而过的，美丽的河岸、桥梁为城市景观增添异彩。像巴黎的塞纳河岸和举世闻名的桥梁、威尼斯的水城、多瑙河流域的美丽城市等，多被谱写成诗篇等文学作品，成为人们心中永远的记忆。与此相反，日本由于近山近水，缺乏欧洲城市中缓缓流淌的河岸风景，反而各类防洪设施最为显眼，说至今都没有营造出美丽的滨水空间也并不为过。从京都的四条大桥上放眼河岸风景，只见一字排开的料理店背面脏兮兮的，毫无河岸浪漫可言。就算是著名的长崎眼镜桥，沿河一带也是一排排将背面朝向河流的杂乱住宅，实在让人大失所望。就水景而言，日本和西欧完全相反。另一方面，由于最近舆论对滨水事故的追责日渐高涨，地方政府因负有管理责任，而在沿水地带拉起了格栅、铁丝网等，不让人靠近，将市民排除在滨水区之外。在沿海岸线地区又大肆填海开拓临海工业地带，吸引了工厂进驻，加之周边产业垃圾的废弃，使市民无法靠近海岸地带。日本原本得益于水资源的充足，今天反而形成远离水体的现状。不过，最近管理河川水体的行政机构终于有所醒悟。比如广岛市的太田河岸改造、隅田河的超级堤防整治方案等提出了利用缓坡斜面营造美丽的滨水景观的内容。希望日本的道路、治水的土木技术人员在规划中，不但考虑其功能和安全性要求，同时也能对景观展示和美学予以关注（图4-1）。

　　在绿化方面，最近大力提倡"增加两倍"甚至"扩大三倍"等口号。从城市生活的角度来看，绿化是件好事，对日本的无秩序城市景观具备

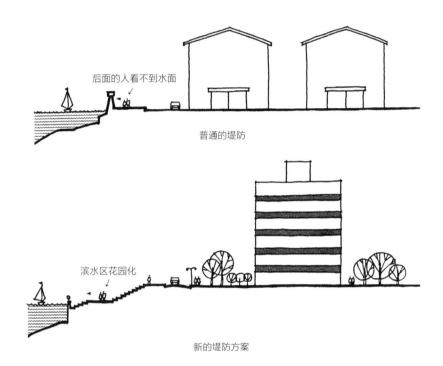

后面的人看不到水面

普通的堤防

滨水区花园化

新的堤防方案

图 4-1 大川端地区的超级堤防计划

有效的隐蔽功能和美化效果。不过我想增加三倍左右也就饱和了，不然将来随着树木的不断生长，林荫面积越来越大，打扫落叶将成为问题，还可能对自由利用土地的规划造成障碍。凡事必须有度。

我在《街道的美学》等书中，提出必须清除电线杆、电线、电线杆上的变压器、建筑屋顶的广告架、建筑上的外挂招牌、百货公司的宣传垂幕、沿道摆设的招牌等其他丑陋的、妨碍景观美化的物体。之后舆论开始关注拆除电线杆，全国各地都出现了没有电线杆的道路，然而广告招牌却呈现出有增无减的趋势。不过也出台了美化地区的规划、景观条例。在本书中，我谈到了无秩序的变形虫城市的可能性，或许乍看是对这些多余的物体的肯定，实际绝非如此。这是对日本的建筑、城市以牺牲"形式"来换取"内容"的重大意义的认可，它带来了今天日本的繁荣和无秩序。要追求"内容"的充实，而不是"形式"美，并不需要以杂乱为代价。因为前提以对各个局部的整治为重，这些"局部"最终融合成"亚整体"。这也是之所以需要仔细考察日本建筑与城市的特性，从中找出最为适合的街道的美学的理由。

后记

　　三年前的正月，时隔多年我重访了中央公论社，有幸在我二十多年前设计的总部大楼中，与岛中鹏二社长和编辑愉快地交流。言语中我讲起了自己在建筑与城市空间上的一些思考，诸如格式塔心理学上的图底逆转、阴阳交替关系，还有空间营造上从"局部"到"整体"的叠加手法、从"整体"到"局部"的消减手法等。那时，编辑部的各位极力向我推荐了《现代思想》的"新科学"特辑。读后深感其内容富于创意，给我莫大的参考。

　　数年前，德国建筑师、哲学家温特先生夫妇来访日本，我请他在建筑师协会的会堂做了题为"格式塔与格式塔态"（gestalt and gestalten）的演讲，当时还邀请了荣格理论的研究者秋山里子女士发言。温特先生坚信：对于西欧文明在今天的发展阻碍，唯有运用日本的佛教思维方能获解。格式塔心理学中的"形"多被当作视觉法则，然而按他的话来说，格式塔并非定形，而是处于不断流转的状态下，这一状态被称为"格式塔态"，它和佛教上的万物移变精神是相通的。而在时间的推移中，正是大自然的哲理控制着流转中的格式塔。这番话令我想起了渡边慧先生的蜡烛论。蜡烛的火苗持续展现着火焰的形态，然而 1 小时前与 1 小时后，其形态却完全不同。同时也让我联想到了东京，东京既有作为一座城市的完成形态，也时常处于变化之中。秋山里子女士在谈话中提到的荣格心理学与泡利量子力学的关系，也给我留下了深刻的印象。

　　在各种机缘下，我开始对物质从固定到流动、从可见到不可见等转变产生了浓厚的兴趣。另外，过去我曾和某位法国友人讨论过巴黎建筑的"形式"与"内容"。还记得当时他自嘲巴黎就像是座"死了的美术馆"，我则揶揄东京"乍看就像座无秩序的变形虫城市"等。随后在同年二月，我携带大量书籍开启了巴黎之旅。目的就是希望亲身勘察巴黎的实状。之后在三月份，我又去了汤加。那次旅行后我写下了本书第一章第1节和第2节的内容。

　　次年正月，我再次拜访了中央公论社的岛中社长，向他讲述了自己的思考经过，于是他建议我在其出版社出书。当时适逢《中央公论》1985年1月号出版，上面刊载了"超越人类科学"的特辑，在读到其中吉成由美的"诞自乱数系的美的结构"一文时，我深受触动，文中以曼德博的分形几何学等为例，对我自己在城市与建筑上所持续思考的问题予以明快的论述。曼德博说的"在自然的无序中，展示出内含乱数系的柔软有序结构"，一语道出了乍看无序的物体与有序结构之间的关系。

　　就这样，本书耗时三年终于写成。"无论如何，拜托在寒冷的季节里把书出版了吧。"我提出了这一棘手的要求。这是因为我觉得书中巴黎的冬景，在日本那种高温多湿的季节里，读起来定会带来时节上的错乱。本书的照片几乎都是我自己拍摄，只有几张是向他人借来的。另外，本书图片由儿岛学敏制作。在此谨对以上各位表示感谢。

　　本书的出版得益于中央公论社编辑部的早川幸彦先生的辛苦工作。说来也巧，这位在当初策划时给予我悉心帮助的人，在本书出版时又恰好从《中央公论》编辑部调到了书籍编辑部，并负责了本书的出版工作。另外，还要感谢篠原次郎先生对本书设计上的鼎力支持，再次向两位表示衷心感谢。

芦原义信

1986年1月